Aplicaciones de la Dinámica de los Gases a Flujos Inestacionarios y Supersónicos

José Tamagno - Guillermo Cid

Sergio Elaskar - Walkiria Schulz

Aplicaciones de la

DINÁMICA DE LOS GASES

A FLUJOS INESTACIONARIOS Y SUPERSÓNICOS

UNIVERSITAS
CÓRDOBA

Pje España 1467. Te/Fax: 5980913. (5000) Córdoba. Argentina – editorialuniversitas@yahoo.com.ar

Diseño de Tapa: Universitas
Diseño de Interior: Los Autores – Universitas
Gráficos: Los Autores
Producción Gráfica: Universitas

EMAIL: editorialuniversitas@yahoo.com.ar

ISBN: 978-987-1457-73-1

1.Física-Ingeniería.
CDD: 533.629

Hecho el depósito que marca la ley 11.723.

Prólogo

El estudio de la Dinámica de Gases comprende, entre otros temas, el análisis de flujos unidimensionales inestacionarios y flujos bidimensionales supersónicos. La teoría de las características constituye una herramienta básica para la comprensión y evaluación del comportamiento de dichos flujos. Esto es posible porque ambos flujos pueden ser representados por sistemas hiperbólicos de ecuaciones diferenciales en derivadas parciales.

En el Capítulo I de este volumen, se presenta una descripción acotada de sistemas de ecuaciones diferenciales en derivadas parciales hiperbólicos, representados en términos de las leyes de conservación y de la teoría de las características. Estos conceptos son aplicados a los sistemas correspondientes al flujo supersónico bidimensional, isoentrópico, irrotacional y estacionario y al flujo unidimensional dependiente del tiempo.

En el Capítulo II, se analizan procesos unidimensionales para los cuales los parámetros del flujo compresible son función del tiempo, mostrándose como se construye la solución analítica y se analiza su interacción con las condiciones de contorno que limitan el campo de movimiento.

Los Capítulos III y IV son dedicados a la comprensión del flujo bidimensional supersónico iniciando su estudio a partir del análisis de las ondas de choque oblicuas y la relación de parámetros fundamentales que se produce a través de ella. Finalmente se analiza el fenómeno de expansión isoentrópica para un flujo compresible irrotacional en base a la interpretación geométrica de la teoría lineal y por aplicación de la teoría de las características.

Además, el presente libro cuenta con tres anexos donde se incluye gráficos, tablas y softwares necesarios para la resolución de ejercicios prácticos que permitirán al alumno cuantificar las variaciones de los parámetros que definen el comportamiento de los flujos estudiados.

Los Autores

Córdoba, enero de 2013

INDICE

CAPÍTULO 1 1
Sistemas Hiperbólicos y Teoría de las Características 1
I.1. Introducción 1
I.2. Ecuaciones Diferenciales en Derivadas Parciales (EDP) 2
Ejemplo: Ecuación Lineal Advectiva 3
Ejemplo: Ecuación de Burgers No Viscosa 4
I.3. Ley de Conservación 4
I.3.1. Matriz Jacobiana 4
Ejemplo: Ecuación Lineal Advectiva 5
Ejemplo: Ecuación de Burgers No Viscosa 5
I.3.2. Valores Propios 6
I.3.3. Vectores Propios 6
I.3.4. Sistema Hiperbólico 6
Ejemplo: Ecuación Lineal Advectiva 7
Ejemplo: Ecuación de Burgers No Viscosa 7
I.4. Curvas Características 7
I.4.1. Curvas Características para la Ecuación Lineal Advectiva 8
I.4.2. Problema de Riemann para la Ecuación Lineal Advectiva 9
I.4.3. Curvas Características para un Sistema de EDPs con Coeficientes Constantes 11
I.4.4. Problema de Riemann para un Sistema de EDPs con Coeficientes Constantes 12
I.5. Flujo de Gases Supersónico, Estacionario, Plano e Irrotacional 14
I.5.1. Flujo de Onda Simple 18
I.6. Ecuaciones de Euler Unidimensionales 19
I.7. Ejercicios 25
CAPÍTULO 2 27
Flujo Unidimensional Inestacionario 27
II.1. Introducción 27
II.2. Curvas Características y Ondas en Flujo Inestacionario 27
II.2.1. Interacción de Ondas 34
II.2.2. Características en el Plano de las Funciones o Variables de Estado 35
II.2.3. Generación de una Onda Simple 35
II.2.4. Onda Simple Centrada 39
II.2.5. Velocidad de Escape 39
II.3. Operaciones Unitarias y Condiciones de Contorno 40
II.3.1. Intersección de Ondas 40
II.3.2. Conducto con un Extremo Cerrado por una Pared Sólida 42
II.3.3. Conducto con un Extremo Abierto 43
II.3.4. Método Aproximado para el Análisis del Flujo que Sale por una Tobera Convergente de Longitud Reducida 44
II.3.5. Cambios en la Sección Transversal del Conducto 47
II.3.5.1. Caso Subsónico 47
II.3.5.2. Caso Supersónico 49
II.4. Discontinuidades de Contacto 51

II.4.1. Discontinuidad de Temperatura entre Dos Fluidos en Contacto 51
II.5. La Formación de Ondas de Choque 53
II.6. Ondas de Choque Inestacionarias 54
II.6.1. Análisis de Choques Móviles 55
II.6.2. Expresiones Explícitas Aplicables a los Choques Móviles 57
II.6.3. Ondas de Choque Fuertes 59
II.6.4. Ondas de Choque Débiles 60
II.6.5. Polar de Choque Generalizada 61
II.6.6. Polar de Choque Generalizada 63
II.6.7. Reflexión de la Onda de Choque desde un Extremo Cerrado 63
II.6.8. Reflexión de la Onda de Choque desde un Ambiente de Presión Constante 66
II.6.9. Reflexión de la Onda de Choque desde una Pared Móvil 67
II.6.10. Intersección de Ondas de Choque 68
II.6.11. Interacción de una Onda de Choque con una Discontinuidad de Contacto 70
II.6.12. Interacción de Ondas de Choque con Ondas Continuas 70
II.6.12.1. La Onda de Choque y la Onda Continua se Desplazan en la misma Dirección 70
II.6.12.2. La Onda de Choque se Desplaza en Dirección Contraria a la Onda Continua 72
II.6.13. Procedimiento Más Exacto para el Análisis de la Interacción entre una Onda Continua y una Onda de Choque 73
II.6.14. Pasaje de la Onda de Choque por una Discontinuidad en la Sección Transversal del Conducto 74
II.7. Ejercicios 76
CAPÍTULO 3 77
Flujo Supersónico Bidimensional. Ondas de Choque Oblicuas 77
III.1. Introducción 77
III.2. Relación de los Parámetros Fundamentales a través de la Onda de Choque Oblicua 78
III.3. Polar de Choque Oblicuo 83
III.3.1. Propiedades de la Polar Hodógrafa del Choque Oblicuo 87
III.4. Choque Oblicuo Fuerte y Choque Oblicuo Débil 88
III.5. Separación de una Onda de Choque 90
III.6. Reflexión de una Onda de Choque Oblicua 90
III.6.1. Reflexión Desde un Contorno de Presión Constante 90
III.6.2. Reflexión Desde un Contorno Sólido 91
III.6.3. Reflexiones Regulares e Irregulares 92
III.7. Intersección de Ondas de Choque 94
III.7.1. Intersección de Ondas de Choque de la Misma Familia 94
III.7.2. Intersección de Ondas de Choque de Distinta Familia 95
III.8. Ejercicios 98
CAPÍTULO IV 99
Flujo Supersónico Bidimensional. Aplicaciones de la Teoría de Características 99
IV.1. Desarrollo en Base a la Interpretación Geométrica de la Teoría Lineal 99
IV.1.1. Flujo con Ondas de Una Sola Familia (Simples) 99
IV.1.2. Diagrama de Características Hodógrafas 102

IV.1.3. Ejemplos de Flujos de Ondas Simples 103
IV.1.4. Flujo con Ondas Simples y Expansión Completa 104
IV.1.5. Flujo con Ondas de Ambas Familias 106
IV.2. Desarrollo en Base a la Teoría de las Características 109
IV.2.1. Aplicación de la Teoría Exacta para la Resolución de Procesos de Expansión 113
IV.2.2. Diseño de Efusores o Toberas 2D 116
4.2.2.1. Casos Límite de Diseño 120
Ejemplo: Aplicación del caso B. Diseño de la Tobera Más Corta Posible para un Mach Determinado 122
IV.2.3. Método Aproximado Aplicable a Choques Débiles 125
Ejemplo: Difusor Supersónico 126
Ejemplo: Placa Plana 129
IV.3. Ejercicios 134
APÉNDICE A 135
A.1. Ecuaciones de Conservación y Definición de Curvas Características 135
A.2. Integración de las Ecuaciones 140
APÉNDICE B 143
B.1. M_2 en Función de M_1 para distintos Ángulos de Onda de Choque θ_0 143
B.2. p_2/p_1 en Función de M_1 para distintos Ángulos de Onda de Choque θ_0 144
B.3. p_{02}/p_{01} en Función del Ángulos de Onda de Choque θ_0 para distintos M_1 145
B.4. Ángulo de Onda de Choque θ_0 en función de M_1 para distintos Ángulos de Cuña θ 146
Programa en FORTRAN para Calcular los Gráficos 147
APÉNDICE C 153
C.1. TABLA: Mach, Mach Critico y Función Característica Hodógrafa 153
Programa en FORTRAN para Calcular la Tabla 156
BIBLIOGRAFÍA 159

Capítulo I

Sistemas Hiperbólicos y Teoría de las Características

I.1. INTRODUCCIÓN

La Mecánica de los Fluidos es la rama de la Física que estudia el movimiento de líquidos, gases y fluidos no-newtonianos y las causas que lo producen. Existe una variedad de comportamientos en función de las propiedades físico-químicas de los distintos fluidos. Por ejemplo, los líquidos necesitan elevadas presiones, del orden de cientos de atmósferas, para que los efectos de compresibilidad sean apreciables. Por tal motivo se los considera en la práctica como incompresibles. No sucede lo mismo con los gases, para los cuales los efectos de compresibilidad no pueden ser despreciados.

Como sucede en otros campos de la Física, en la Mecánica de los Fluidos y específicamente en la Dinámica de Gases, se pueden realizar estudios considerando escalas de distinto tamaño. Para cada escala habrá un conjunto de variables que definirán el problema o el fenómeno en estudio. Una aproximación está dada por la descripción a nivel microscópico, en la cual se trabaja con átomos y/o moléculas como entidades individuales descriptas por sus posiciones, velocidades e interacciones mutuas. El siguiente nivel es el mezoscópico, en el cual se describe a los fluidos por medio de conjuntos compuestos por un elevado número de átomos y/o moléculas. La extensión de estos conjuntos de partículas es grande con respecto a las distancias intermoleculares, pero al mismo tiempo es pequeña con respecto a la escala general del movimiento macroscópico del fluido. Para cada conjunto es posible describir propiedades termo-mecánicas como densidad, temperatura, presión, velocidad, etc. En esta escala se introduce la hipótesis característica de la mecánica del continuo, es decir que el fluido está compuesto por un número inmenso de estos conjuntos de escala mezoscópica y cada uno de los mismos posee posición y propiedades que varían en función del tiempo. Finalmente, está la escala macroscópica en la cual se estudian los rasgos macroscópicos del flujo incluyendo conjuntos de escala mezoscópica, por ejemplo si el flujo es laminar, si aparecen vórtices, celdas convectivas, etc. (Haken, 1983). En este libro los gases son considerados medios continuos, es decir, en cada punto del dominio las variables de estado están definidas por las propiedades termo-mecánicas de un conjunto en escala mezoscópica.

En el estudio de la Dinámica de Gases la teoría de las características posee un rol importante en la comprensión y evaluación de fenómenos tales como flujos unidimensionales dependientes del tiempo y flujos planos supersónicos, irrotacionales y estacionarios entre otros. Esto se debe a que ambos tipos de flujos son representados por sistemas hiperbólicos de ecuaciones diferenciales en derivadas parciales.

Para flujos descriptos por estos sistemas de ecuaciones, las variables que describen el fenómeno en algún punto dependen solamente de las propiedades en una región finita del dominio corriente arriba del campo de movimiento, pero son independientes de las condiciones corriente abajo. Los sistemas hiperbólicos pueden ser solucionados usando el método de las características que posee la capacidad de actualizar la solución en función de las condiciones corriente arriba.

Para una mejor comprensión de dichos fenómenos, se introduce al comienzo del capítulo una descripción breve y general de sistemas hiperbólicos de ecuaciones diferenciales en derivadas parciales, de sistemas escritos en forma de leyes de conservación y de la teoría de características. Posteriormente se aplican dichos conceptos a las ecuaciones que rigen los flujos planos, supersónicos, irrotacionales y estacionarios y los flujos unidimensionales dependientes del tiempo (Ecuaciones de Euler unidimensionales).

I.2. ECUACIONES DIFERENCIALES EN DERIVADAS PARCIALES (EDP)

Un sistema genérico de ecuaciones diferenciales en derivadas parciales de primer orden (EDP), expresado en su forma matricial, puede representarse como:

$$\frac{\partial \underline{U}}{\partial t} + \underline{\underline{A}}\frac{\partial \underline{U}}{\partial x} + \underline{B} = \underline{0} \qquad \text{(I.2.1)}$$

$$\underline{U} = \begin{bmatrix} u_1 \\ u_2 \\ \vdots \\ u_m \end{bmatrix}; \qquad \underline{B} = \begin{bmatrix} b_1 \\ b_2 \\ \vdots \\ b_m \end{bmatrix}; \qquad \underline{\underline{A}} = \begin{bmatrix} a_{11} & a_{12} & \cdots & a_{1m} \\ a_{21} & a_{22} & \cdots & a_{2m} \\ \vdots & \vdots & \ddots & \vdots \\ a_{m1} & a_{m2} & \cdots & a_{mm} \end{bmatrix} \qquad \text{(I.2.2)}$$

Aquí las componentes del vector $\underline{U}$ son las funciones incógnitas mientras que las variables independientes son x y t. $\partial \underline{U}/\partial t$ indica derivación parcial, en este caso con respecto a la variable independiente t.

Según los valores que componen la matriz $\underline{\underline{A}}$ y el vector $\underline{B}$ podemos clasificar al sistema de Ecs. I.2.1-I.2.2 de las siguientes formas:

- Si las componentes de $\underline{\underline{A}}$ y de $\underline{B}$ son constantes, el sistema I.2.1-I.2.2 se denomina **sistema lineal con coeficientes constantes**.
- Si las componentes de $\underline{\underline{A}}$ y las de $\underline{B}$ son funciones de x y de t, el sistema se denomina **sistema lineal con coeficientes variables**.
- Si las componentes de $\underline{\underline{A}}$ son funciones de x y de t y las de $\underline{B}$ son funciones lineales de $\underline{U}$ el sistema se denomina **sistema lineal**.

- Si la matriz de coeficientes $\underline{\underline{A}}$ es función del vector $\underline{U}$, $\underline{\underline{A}} = \underline{\underline{A}}(\underline{U})$, el sistema se denomina **sistema cuasi-lineal**.
- Si la matriz de coeficientes $\underline{\underline{A}}$ es función del vector $\underline{U}$ y de sus derivadas $\partial\underline{U}/\partial t$, $\underline{\underline{A}} = \underline{\underline{A}}(\underline{U}, \partial\underline{U}/\partial t)$, el sistema se denomina **sistema no-lineal**.
- Si $\underline{B} = \underline{0}$ el sistema se denomina **homogéneo**.

Se debe notar que un sistema cuasi-lineal, a pesar de su denominación, es realmente un sistema no-lineal y presenta comportamiento y propiedades típicos de sistemas no lineales.

Particular importancia tiene resaltar que un sistema de ecuaciones del tipo:

$$\frac{\partial \underline{U}}{\partial t} + \underline{\underline{A}}(\underline{U})\frac{\partial \underline{U}}{\partial x} = \underline{0} \qquad \text{(I.2.3)}$$

es un sistema EDPs cuasi-lineales y homogéneas (la matriz $\underline{\underline{A}}$ depende del vector $\underline{U}$ pero no de sus derivadas).

Para un sistema de ecuaciones como el I.2.1 es necesario indicar el rango de variación de las variables independientes. Por ejemplo $x_1 < x < x_2$ es el dominio espacial, o generalmente denominado solamente dominio de EDP. En x_1 y x_2 es necesario especificar las condiciones de borde que deben satisfacer el sistema. Por simplicidad se utiliza en este capítulo que el dominio es $-\infty < x < \infty$ sin necesidad de explicitar condiciones de borde. En forma similar para la variable t se asume que $t_0 < t < \infty$, siendo necesario especificar una condición inicial si t es la variable tiempo, o de contorno para t_0 en el caso que t sea una coordenada espacial. Por lo tanto para determinar una solución particular del sistema I.2.1 es necesario especificar la condición inicial del sistema (para $t = 0$), dando origen a lo que se denomina Problema de Cauchy (LeFloch, 2002):

$$\begin{aligned}&\frac{\partial \underline{U}}{\partial t} + \underline{\underline{A}}\frac{\partial \underline{U}}{\partial x} + \underline{B} = \underline{0}\\&\underline{U}(x,0) = \underline{U_0}(x)\end{aligned}$$

Ejemplo: Ecuación Lineal Advectiva

La advección es la variación de un parámetro escalar en un punto dado producida por efecto de un campo vectorial. Ejemplos son el transporte de una propiedad atmosférica, como la humedad, por efecto del viento o la variación de la concentración de un especie química dentro de una corriente fluidodinámica. Esta ecuación puede ser escrita de la siguiente forma:

$$\frac{\partial u}{\partial t} + a\frac{\partial u}{\partial x} = 0; \quad a = \text{cte}. \qquad \text{(I.2.4)}$$

Donde u es la variable escalar, x la coordenada espacial y t indica el tiempo.

La ecuación lineal advectiva es el ejemplo más simple para estudiar sistemas de EDPs hiperbólicos debido a que es una ecuación lineal y con coeficientes constantes. Además el orden del sistema es 1 (m =1).

Ejemplo: Ecuación de Burgers No Viscosa

La ecuación de Burgers no viscosa representa una situación donde se tiene propagación de ondas no lineales (la no linealidad es cuadrática) en la cual se puede considerar unidimensionalidad en la variable espacial. La mejor simplificación de las Ecuaciones de Euler que preserva la característica de tener ondas de choques está dada por la EDP hiperbólica de Burgers no viscosa:

$$\frac{\partial u}{\partial t}+u\frac{\partial u}{\partial x}=0 \qquad \text{(I.2.5)}$$

Esta ecuación, cuasi-lineal, posee un comportamiento más rico y complejo que la ecuación lineal advectiva I.2.4.

I.3. LEY DE CONSERVACIÓN

Una ley de conservación es una ecuación o sistema de EDPs que puede expresarse en la forma (por simplificación solamente se considera un sistema con dos variables independientes):

$$\frac{\partial \underline{U}}{\partial t}+\frac{\partial \underline{F}(\underline{U})}{\partial x}=\underline{0} \qquad \text{(I.3.1)}$$

donde:

$$\underline{U}=\begin{bmatrix} u_1 \\ u_2 \\ \vdots \\ u_m \end{bmatrix}; \quad \underline{F}(\underline{U})=\begin{bmatrix} f_1(u_i) \\ f_2(u_i) \\ \vdots \\ f_m(u_i) \end{bmatrix}, \quad \text{con } i=1,\ldots,m \qquad \text{(I.3.2)}$$

son, respectivamente, el vector de variables conservativas y el vector flujo.

I.3.1. Matriz Jacobiana

La matriz Jacobiana del vector flujo $\underline{F}(\underline{U})$ se define como:

$$\underline{\underline{A}}(\underline{U}) = \frac{\partial \underline{F}}{\partial \underline{U}} = \begin{bmatrix} \frac{\partial f_1}{\partial u_1} & \frac{\partial f_1}{\partial u_2} & \cdots & \frac{\partial f_1}{\partial u_m} \\ \frac{\partial f_2}{\partial u_1} & \frac{\partial f_2}{\partial u_2} & \cdots & \frac{\partial f_2}{\partial u_m} \\ \vdots & \vdots & \ddots & \vdots \\ \frac{\partial f_m}{\partial u_1} & \frac{\partial f_m}{\partial u_2} & \cdots & \frac{\partial f_m}{\partial u_m} \end{bmatrix} \tag{I.3.3}$$

Una vez determinada la matriz Jacobiana, es posible observar que si se aplica la regla de la cadena a la ecuación de conservación I.3.1, ésta puede ser expresada de la siguiente forma:

$$\frac{\partial \underline{U}}{\partial t} + \frac{\partial \underline{F}}{\partial \underline{U}} \frac{\partial \underline{U}}{\partial x} = \underline{0} \tag{I.3.4}$$

o bien, utilizando la matriz Jacobiana recién establecida,

$$\frac{\partial \underline{U}}{\partial t} + \underline{\underline{A}}(\underline{U}) \frac{\partial \underline{U}}{\partial x} = \underline{0} \tag{I.3.5}$$

la cual es idéntica a la Ec. I.2.3, es decir, es un sistema de EDPs cuasi-lineales y homogéneas.

Ejemplo: Ecuación Lineal Advectiva

$$\frac{\partial u}{\partial t} + \frac{\partial f(u)}{\partial x} = 0; \quad f(u) = au \tag{I.3.6}$$

Aplicando la regla de la cadena en forma similar a lo realizado en la Ec. I.3.4 y de realizar la derivada $\frac{\partial f(u)}{\partial u} = \frac{\partial (au)}{\partial u} = a$, se obtiene la ecuación lineal advectiva I.2.4.

Ejemplo: Ecuación de Burgers No Viscosa

$$\frac{\partial u}{\partial t} + \frac{\partial f(u)}{\partial x} = 0; \qquad f(u) = u^2/2 \tag{I.3.7}$$

Esta última ecuación puede ser escrita $\frac{\partial u}{\partial t} + \frac{\partial f(u)}{\partial u}\frac{\partial u}{\partial x} = 0$ y, como $\frac{\partial f(u)}{\partial u} = u$, se recupera la ecuación no viscosa de Burgers I.2.5.

I.3.2. Valores Propios

Los valores propios λ_i de una matriz $\underline{\underline{A}}$ de $m \times m$ son las soluciones del polinomio característico:

$$\left|\underline{\underline{A}} - \lambda \underline{\underline{I}}\right| = \det\left(\underline{\underline{A}} - \lambda \underline{\underline{I}}\right) = 0 \quad \text{(I.3.8)}$$

donde $\underline{\underline{I}}$ es la matriz identidad de orden $m \times m$.

Los valores propios de la matriz $\underline{\underline{A}}$ de un sistema como el I.2.1 se denominan valores propios del sistema. Se destaca que la información que posee la matriz Jacobiana está dada por los valores propios de la misma.

Matemáticamente los valores propios indican la pendiente de las direcciones características. Mientras que físicamente, los valores propios, representan velocidades de propagación de información.

I.3.3. Vectores Propios

Conociendo los valores propios de la matriz $\underline{\underline{A}}$ es posible calcular sus vectores propios derechos e izquierdos. Un vector propio derecho correspondiente al valor propio λ_i es un vector de m componentes $\underline{R}^{(i)}$ que satisface:

$$\underline{\underline{A}}\underline{R}^{(i)} = \lambda_i \underline{R}^{(i)}; \quad \underline{R}^{(i)} = \left(r_1^{(i)}, r_2^{(i)}, \ldots, r_m^{(i)}\right)^T \quad \text{(I.3.9)}$$

Un vector propio izquierdo de la matriz $\underline{\underline{A}}$ correspondiente al valor propio λ_i de la misma matriz es un vector de m componentes $\underline{L}^{(i)}$ que satisface la ecuación:

$$\underline{L}^{(i)}\underline{\underline{A}} = \lambda_i \underline{L}^{(i)}; \quad \underline{L}^{(i)} = \left(l_1^{(i)}, l_2^{(i)}, \ldots, l_m^{(i)}\right) \quad \text{(I.3.10)}$$

Si la matriz $\underline{\underline{A}}$ es simétrica los vectores propios derechos e izquierdos son idénticos.

I.3.4. Sistema Hiperbólico

Un sistema de ecuaciones del tipo I.2.1 se denomina hiperbólico en un punto (x, t) si la matriz $\underline{\underline{A}}$ tiene m valores propios reales y el correspondiente conjunto de m vectores propios derechos linealmente independientes.

Si se tiene un conjunto de vectores propios derechos linealmente independientes estos forman una base del espacio vectorial m-dimensional dónde habitan la soluciones del sistema de ecuaciones. Además, la existencia de esta base, permite encontrar la matriz inversa de la matriz Jacobiana.

Se dice que el sistema es estrictamente hiperbólico si todos los valores propios son reales y distintos entre sí. Se destaca que si un sistema es estrictamente hiperbólico también es hiperbólico porque valores propios reales y distintos aseguran la existencia de un conjunto de vectores propios linealmente independientes.

Un sistema de ecuaciones del tipo I.2.1 se denomina elíptico en un punto (x, t) si ningún valor propio de la matriz $\underline{\underline{A}}$ es real.

Ejemplo: Ecuación Lineal Advectiva

La ecuación lineal advectiva definida en la Ec. I.2.4:

$$\frac{\partial u}{\partial t} + a\frac{\partial u}{\partial x} = 0; \quad a = \text{cte.}$$

es una ecuación hiperbólica con un valor propio definido por a y un vector propio normalizado dado por 1.

Ejemplo: Ecuación de Burgers No Viscosa

La ecuación de Burgers:

$$\frac{\partial u}{\partial t} + u\frac{\partial u}{\partial x} = 0$$

también es una ecuación hiperbólica con valor propio u y vector propio normalizado igual a 1.

En ambos ejemplos el vector propio forma una base del espacio vectorial unidimensional dónde están dadas las soluciones u.

I.4. CURVAS CARACTERÍSTICAS

Las curvas características pueden ser rigurosamente definidas como curvas que transportan información. Cualquier perturbación que se produzca será transmitida por las velocidades características que están directamente relacionadas con las curvas características.

Estas curvas poseen relevancia en el análisis de problemas con condiciones iniciales determinadas. Sin embargo, también se aplican a problemas que no poseen dependencia del tiempo, en los cuales las condiciones de contorno trabajan matemáticamente en forma similar a las condiciones iniciales.

I.4.1. Curvas Características para la Ecuación Lineal Advectiva

Las curvas características, en el contexto de una ecuación escalar, se definen como curvas $x = x(t)$ en el plano (x, t) sobre las cuales la ecuación en derivadas parciales se reduce, por lo menos, a una ecuación diferencial ordinaria.

Para comprender el concepto de curvas características se considera la ecuación lineal advectiva I.2.4:

$$\begin{aligned} &\frac{\partial u}{\partial t} + a\frac{\partial u}{\partial x} = 0; \quad -\infty < x < \infty \\ &u(x,0) = u_0(x) \end{aligned} \tag{I.4.1}$$

siendo $u_0(x)$ la condición inicial.

Sobre las curvas características, $x = x(t)$, la variable $u = u(x(t), t)$ sólo depende de la variable t y su variación se puede expresar como:

$$\frac{du}{dt} = \frac{\partial u}{\partial t} + \frac{\partial u}{\partial x}\frac{dx}{dt} \tag{I.4.2}$$

Si la curva $x = x(t)$ es definida por la ecuación diferencial ordinaria:

$$\frac{dx}{dt} = a \tag{I.4.3}$$

sobre dicha curva se verifica que

$$\frac{du}{dt} = \frac{\partial u}{\partial t} + \frac{\partial u}{\partial x}a = 0 \tag{I.4.4}$$

Esta última expresión indica que la variación de la función u sobre las curvas características es nula, es decir la función u adquiere el mismo valor sobre toda la curva característica definida en el plano (x, t).

De la Ec. I.4.3 se deduce que las curvas características, en este caso particular, son rectas con pendiente a:

$$x = x_0 + at \tag{I.4.5}$$

Las curvas características para la ecuación lineal advectiva están indicadas en la Figura I.4.1.

La función u es constante sobre cada curva característica particular y su valor es igual al de la condición inicial correspondiente dada por el punto de intersección entre la característica y el eje $t = 0$.

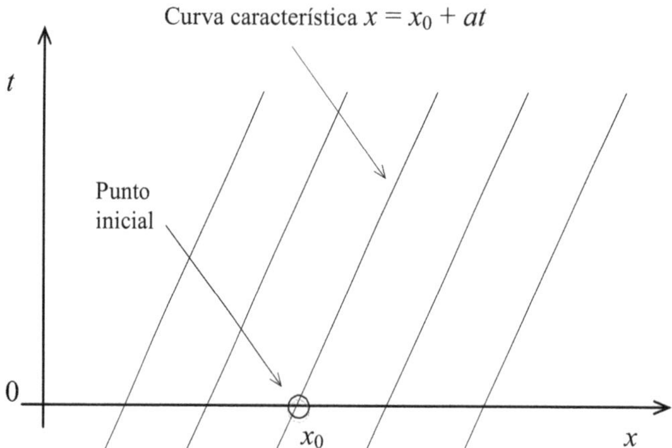

Fig. I.4.1 – Curvas características para la ecuación lineal advectiva con velocidad característica $a > 0$.

Por lo tanto, utilizando la Ec. I.4.5 es posible expresar que sobre cada curva característica se verifica:

$$u(x,t) = u_0(x_0) = u_0(x - at) \qquad \text{(I.4.6)}$$

Esta última expresión indica que una vez establecida la condición inicial, cada curva característica transportará el valor $u_0 = u(x_0, 0)$ con velocidad a. La velocidad a se denomina velocidad característica.

La Ec. I.4.6 puede ser interpretada de la siguiente forma: dado un perfil inicial $u_0(x)$, la ecuación lineal advectiva trasladará este perfil sin deformarlo a la derecha si $a > 0$ o a la izquierda si $a < 0$. La forma del perfil $u_0(x)$ determinado por la condición inicial permanece inalterada.

El análisis expuesto presenta algunos de los rasgos básicos de la propagación de ondas, entendiendo a una onda como una perturbación que viaja a velocidad finita (Toro, 2009).

I.4.2. Problema de Riemann para la Ecuación Lineal Advectiva

Se analiza ahora el siguiente problema de condiciones iniciales determinadas para la ecuación lineal advectiva:

$$\frac{\partial u}{\partial t} + a\frac{\partial u}{\partial x} = 0; \quad -\infty < x < \infty \qquad \text{(I.4.7)}$$

$$u(x,0) = u(x) = \begin{cases} u_L & \text{si} \quad x < 0 \\ u_R & \text{si} \quad x > 0 \end{cases} \qquad \text{(I.4.8)}$$

donde u_L y u_R son dos estados constantes como se indica en la Figura I.4.2.

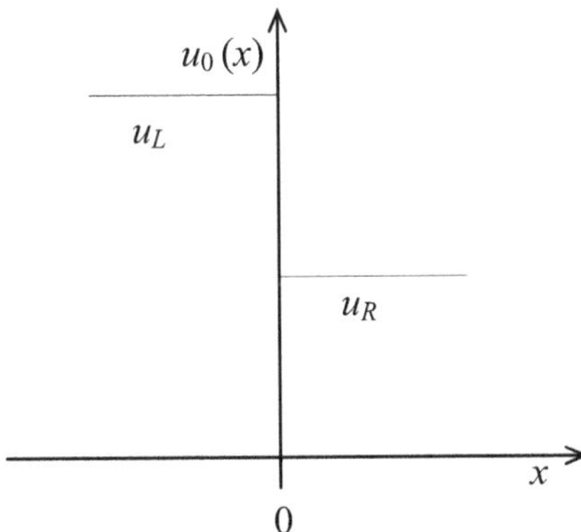

Fig. I.4.2 – Condición inicial para el problema de Riemann.

El problema de Riemann posee una condición inicial simple que presenta sólo una discontinuidad. Según la Ec. I.4.6 la solución estará dada por la propagación sin modificaciones de la condición inicial dada. La distancia que será transportada la condición inicial es una función lineal del tiempo, $d = at$ para un tiempo t. La curva característica que se emite desde el punto dónde se encuentra inicialmente la discontinuidad ($x = 0$ en la Figura I.4.2) indicará la separación de los dos estados iniciales, u_L y u_R, a medida que avanza el tiempo. Es decir que en el plano (x, t) a la izquierda de la característica, $x = at$, la solución estará dada por los valores del estado izquierdo u_L, mientras que a la derecha por los valores de u_R, de forma tal que la solución del problema de Riemann para la ecuación lineal advectiva está dada por:

$$u(x,0) = u_0(x - at) = \begin{cases} u_L & \text{si} \quad x - at < 0 \\ u_R & \text{si} \quad x - at > 0 \end{cases} \tag{I.4.9}$$

La Figura I.4.3 muestra la solución del problema de Riemann para la ecuación lineal advectiva dada por la Ec. I.4.9.

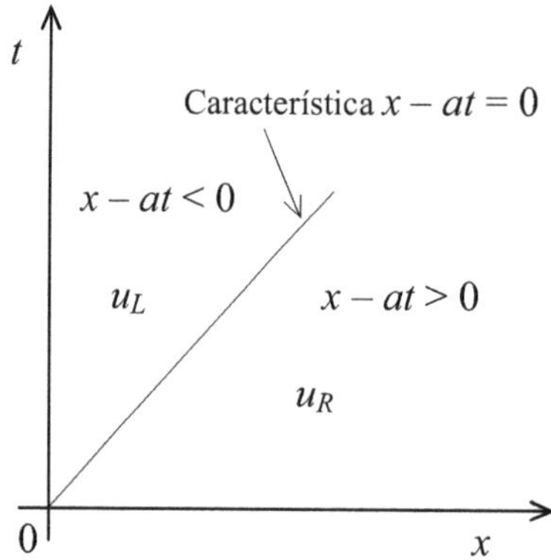

Fig. I.4.3 – Solución del problema de Riemann para la ecuación lineal advectiva con velocidad característica $a > 0$.

I.4.3. Curvas Características para un Sistema de EDPs con Coeficientes Constantes

Una vez definidas las curvas características para el caso de una ecuación escalar con coeficiente constante tal como la ecuación lineal advectiva, se está en condiciones de analizar cómo son las curvas características para sistemas de EDPs de orden m como el siguiente:

$$\frac{\partial \underline{U}}{\partial t} + \underline{\underline{A}} \frac{\partial \underline{U}}{\partial x} = \underline{0} \tag{I.4.10}$$

siendo constantes los coeficientes de la matriz $\underline{\underline{A}}$. Si el sistema es hiperbólico la matriz $\underline{\underline{A}}$ posee m valores propios reales y m vectores propios linealmente independientes. En este caso la matriz $\underline{\underline{A}}$ puede ser diagonalizada:

$$\underline{\underline{K}}^{-1} \underline{\underline{A}} \underline{\underline{K}} = \underline{\underline{\Lambda}}; \quad \underline{\underline{\Lambda}} = \begin{bmatrix} \lambda_1 & 0 & \cdots & 0 \\ 0 & \lambda_2 & \cdots & 0 \\ \vdots & \vdots & \ddots & \vdots \\ 0 & 0 & \cdots & \lambda_m \end{bmatrix} \tag{I.4.11}$$

Dónde λ_i son los valores propios y $\underline{\underline{K}}$ es una matriz cuyas columnas son los vectores propios de $\underline{\underline{A}}$:

$$\underline{\underline{K}} = \left[\underline{R}^{(1)}, \underline{R}^{(2)}, \ldots, \underline{R}^{(i)}, \ldots, \underline{R}^{(m)}\right] \tag{I.4.12}$$

El sistema I.4.10 se dice diagonizable si la matriz $\underline{\underline{A}}$ puede ser diagonalizada como tal lo indica la Ec. I.4.11.

Si se introducen nuevas variables, denominadas variables características $\underline{W}$:

$$\underline{W} = \underline{\underline{K}}^{-1}\underline{U}, \qquad \underline{U} = \underline{\underline{K}}\underline{W} \tag{I.4.13}$$

el sistema I.4.10 se reduce a su forma canónica o característica:

$$\frac{\partial \underline{W}}{\partial t} + \underline{\underline{\Lambda}}\frac{\partial \underline{W}}{\partial x} = \underline{0} \tag{I.4.14}$$

que escrito en forma completa es:

$$\begin{bmatrix} w_1 \\ w_2 \\ \vdots \\ w_m \end{bmatrix}_t + \begin{bmatrix} \lambda_1 & 0 & \cdots & 0 \\ 0 & \lambda_2 & \cdots & 0 \\ \vdots & \vdots & \ddots & \vdots \\ 0 & 0 & \cdots & \lambda_m \end{bmatrix} \begin{bmatrix} w_1 \\ w_2 \\ \vdots \\ w_m \end{bmatrix}_x = \begin{bmatrix} 0 \\ 0 \\ \vdots \\ 0 \end{bmatrix} \tag{I.4.15}$$

Se observa claramente que el sistema original se ha reducido a m ecuaciones lineales advectivas sin estar acopladas entre ellas:

$$\frac{\partial w_i}{\partial t} + \lambda_i \frac{\partial w_i}{\partial x} = 0, \quad i = 1,\ldots,m \tag{I.4.16}$$

Por lo tanto las curvas características de un sistema hiperbólico como el I.4.10 están dadas por las m curvas características de las m ecuaciones lineales advectivas I.4.16:

$$\frac{dx}{dt} = \lambda_i, \quad i = 1,\ldots,m \tag{I.4.17}$$

Se destaca que los valores propios de la matriz Jacobiana $\underline{\underline{A}}$ indican las pendientes de las curvas características del sistema y por lo tanto las velocidades de propagación de las perturbaciones.

I.4.4. Problema de Riemann para un Sistema de EDPs con Coeficientes Constantes

Como ya se indicó anteriormente se denomina Problema de Riemann a un caso particular de Problema de Valor Inicial. Para un sistema hiperbólico con coeficientes constantes (lineal) este problema es del tipo:

$$\frac{\partial \underline{U}}{\partial t} + \underline{\underline{A}}\frac{\partial \underline{U}}{\partial x} = \underline{0} \qquad -\infty < x < \infty, \qquad t > 0 \tag{I.4.18}$$

Siendo $\underline{U}$ un vector m-dimensional y $\underline{\underline{A}}$ una matriz de orden m:

$$\underline{U} = \begin{bmatrix} u_1 \\ u_2 \\ \vdots \\ u_m \end{bmatrix}; \qquad \underline{\underline{A}} = \begin{bmatrix} a_{11} & a_{12} & \cdots & a_{1m} \\ a_{21} & a_{22} & \cdots & a_{2m} \\ \vdots & \vdots & \ddots & \vdots \\ a_{m1} & a_{m2} & \cdots & a_{mm} \end{bmatrix} \tag{I.4.19}$$

Con las condiciones iniciales particulares:

$$\underline{U}(x,0) = \underline{U}^{(0)}(x) = \begin{cases} \underline{U}_L & x < 0 \\ \underline{U}_R & x > 0 \end{cases} \tag{I.4.20}$$

donde $\underline{U}_L$ y $\underline{U}_R$ son dos estados constantes.

Para analizar la solución del sistema I.4.18 con las condiciones iniciales I.4.20 resulta conveniente recordar la solución del Problema de Riemann de la ecuación lineal advectiva dada por la Ec. I.4.9.

Si el sistema es estrictamente hiperbólico tendrá m valores propios reales y distintos

$$\lambda_1 < \lambda_2 < \cdots < \lambda_m \tag{I.4.21}$$

Para la solución de este problema se definen m familias de características ($dx/dt = \lambda_i$) y se consideran especialmente las que pasan por el punto ($x = 0$, $t = 0$). Graficando en el plano físico (x, t), estas representan m ondas que emanan del origen, una para cada valor propio λ_i. Cada onda, i, representa una perturbación en $\underline{U}$ que se propaga con una velocidad λ_i (Figura I.4.4).

A la izquierda de la primera onda la solución es conocida y a la derecha de la última onda también. Es decir,

$$\begin{aligned} \underline{U} &= \underline{U}_L \quad \text{si} \quad x - \lambda_1 t < 0 \\ \underline{U} &= \underline{U}_R \quad \text{si} \quad x - \lambda_m t > 0 \end{aligned} \tag{I.4.22}$$

La solución para este problema consiste en encontrar los valores de $\underline{U}$ en los espacios entre las ondas.

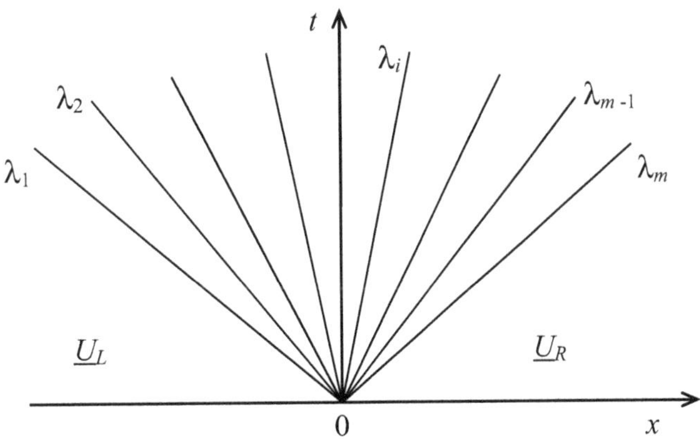

Fig. I.4.4 - Solución general de un problema de Riemann ideal.

Como los vectores propios derechos $\underline{R}^{(1)},\ldots,\underline{R}^{(m)}$ son linealmente independientes y forman una base del espacio vectorial m-dimensional, se pueden escribir los dos estados iniciales como una relación lineal en los vectores propios:

$$\underline{U}_L = \sum_{i=1}^{m} \beta_i \underline{R}^{(i)} \qquad \underline{U}_R = \sum_{i=1}^{m} \gamma_i \underline{R}^{(i)} \tag{I.4.23}$$

Para los estados intermedios entre ondas puede demostrarse que la solución adquiere la siguiente forma (Toro, 2009):

$$\underline{U}(x,t) = \sum_{x<\lambda_i t} \beta_i \underline{R}^{(i)} + \sum_{x>\lambda_i t} \gamma_i \underline{R}^{(i)} \tag{I.4.24}$$

La última ecuación indica que al pasar cada onda el flujo es modificado por la información que la misma transporta. Dicha información está dada por el producto del coeficiente respectivo (β_i ó γ_i) por el vector propio de la onda i.

La solución del problema de Riemann de sistemas con coeficientes constantes es de gran importancia ya que se la emplea como parte de los métodos para resolver sistemas cuasi-lineales.

I.5. FLUJO DE GASES SUPERSÓNICO, ESTACIONARIO, PLANO E IRROTACIONAL

La teoría de las curvas características se utiliza en la búsqueda de soluciones del flujo de gases supersónico, estacionario e irrotacional que se desarrolla en dos dimensiones espaciales. Entre las aplicaciones más importantes de estos flujos se destacan el estudio de perfiles alares supersónicos y el análisis de pre-diseño de efusores (toberas) supersónicos.

Las ecuaciones que gobiernan el flujo mencionado son las siguientes (Zucrow y Hoffman, 1976):

$$\begin{cases} (u^2 - a^2)\dfrac{\partial u}{\partial x} + (v^2 - a^2)\dfrac{\partial v}{\partial y} + 2uv\dfrac{\partial u}{\partial y} = 0 \\ \dfrac{\partial u}{\partial y} - \dfrac{\partial v}{\partial x} = 0 \end{cases} \qquad (I.5.1)$$

$$a = a(u,v)$$

siendo (u,v) las componentes del vector velocidad en las direcciones (x,y) respectivamente, a es la velocidad del sonido y el vector (x, y) indica las coordenadas en el dominio del plano físico. La primera ecuación de las I.5.1 se obtiene de considerar la conservación de masa y de cantidad de movimiento, mientras que la segunda representa la condición de irrotacionalidad.

La expresión $a = a(u, v)$ puede ser obtenida desde relaciones matemáticas válidas para flujo isoentrópico. La velocidad del sonido es función de la presión y de la densidad del medio, pero cómo es un fenómeno isoentrópico es posible expresarla como función de la densidad solamente, usando la relación isoentrópica entre presión y densidad. Por medio de la Ecuación de Euler integrada en cada línea de corriente (despreciando la energía potencial) es posible escribir la densidad como función del vector velocidad, de forma tal de poder expresar a la velocidad del sonido como función del vector velocidad tal como se indica en las Ecs. I.5.1 (Tamagno *et al.*, 2008).

El sistema anterior puede ser escrito en forma matricial, resultando:

$$\begin{bmatrix} u^2 - a^2 & 0 \\ 0 & -1 \end{bmatrix}\begin{bmatrix} u \\ v \end{bmatrix}_x + \begin{bmatrix} 2uv & v^2 - a^2 \\ 1 & 0 \end{bmatrix}\begin{bmatrix} u \\ v \end{bmatrix}_y = \begin{bmatrix} 0 \\ 0 \end{bmatrix} \qquad (I.5.2)$$

o en forma esquemática:

$$\underline{\underline{G}}\,\frac{\partial \underline{V}}{\partial x} + \underline{\underline{H}}\,\frac{\partial \underline{V}}{\partial y} = \underline{0} \qquad (I.5.3)$$

$$\underline{\underline{G}} = \begin{bmatrix} u^2 - a^2 & 0 \\ 0 & -1 \end{bmatrix}; \quad \underline{\underline{H}} = \begin{bmatrix} 2uv & v^2 - a^2 \\ 1 & 0 \end{bmatrix}; \quad \underline{V} = \begin{bmatrix} u \\ v \end{bmatrix}$$

Para poder aplicar la teoría de las características como ha sido explicada anteriormente se debe hallar la matriz inversa de $\underline{\underline{G}}$:

$$\underline{\underline{G}}^{-1} = \begin{bmatrix} \dfrac{1}{u^2 - a^2} & 0 \\ 0 & -1 \end{bmatrix} \qquad (I.5.4)$$

Luego se pre-multiplica el sistema I.5.2 por $\underline{\underline{G}}^{-1}$ obteniendo:

$$\begin{bmatrix} u \\ v \end{bmatrix}_x + \begin{bmatrix} \dfrac{2uv}{u^2-a^2} & \dfrac{v^2-a^2}{u^2-a^2} \\ -1 & 0 \end{bmatrix} \begin{bmatrix} u \\ v \end{bmatrix}_y = \begin{bmatrix} 0 \\ 0 \end{bmatrix}$$
$$\underline{\underline{A}} = \begin{bmatrix} \dfrac{2uv}{u^2-a^2} & \dfrac{v^2-a^2}{u^2-a^2} \\ -1 & 0 \end{bmatrix} \qquad \text{(I.5.5)}$$

Este último sistema tiene la forma de un sistema de EDPs cuasi-lineales y homogéneas como del dado por la Ec. I.2.3.

Para obtener las curvas características es necesario evaluar los valores propios de la matriz $\underline{\underline{A}}$, siendo estos:

$$\lambda_{1,2} = \frac{-uv \pm a\sqrt{u^2+v^2-a^2}}{a^2-u^2} \qquad \text{(I.5.6)}$$

Si se define el modulo de la velocidad como $V=\sqrt{u^2+v^2}$, entonces el número de Mach resulta $M = V/a$. Por lo tanto los valores propios pueden ser expresados como:

$$\lambda_{1,2} = \frac{-uv \pm a^2\sqrt{M^2-1}}{a^2-u^2} \qquad \text{(I.5.7)}$$

De esta última ecuación se destaca claramente que el sistema de Ecs. I.5.1 será estrictamente hiperbólico si el flujo es supersónico ($M > 1$). Solamente para esta condición tendremos dos valores propios reales y distintos y por ende sólo dos curvas características en cada punto del plano físico (x, y).

Recordando la definición de curvas características dada por la Ec. I.4.17, los valores propios determinan las pendientes de las curvas características en el plano (x, y), es decir:

$$\lambda_1 = \left.\frac{dy}{dx}\right|_1 = \frac{uv + a^2\sqrt{M^2-1}}{u^2-a^2}$$
$$\lambda_2 = \left.\frac{dy}{dx}\right|_2 = \frac{uv - a^2\sqrt{M^2-1}}{u^2-a^2} \qquad \text{(I.5.8)}$$

Las curvas características en el plano de las variables independientes o plano físico (x, y) quedarán definidas por dos ecuaciones diferenciales:

$$\left.\frac{dy}{dx}\right|_1 = \lambda_1 \quad \text{(familia } I\text{)}$$
$$\left.\frac{dy}{dx}\right|_2 = \lambda_2 \quad \text{(familia } II\text{)} \qquad \text{(I.5.9)}$$

Se destaca que por cada punto del plano (x, y) pasarán una curva característica con pendiente λ_1 y una curva característica con pendiente λ_2. A las Ecs. I.5.8 se las denomina ecuaciones características y representan dos familias de curvas. Todas las curvas con pendiente λ_1 se consideran pertenecientes a la familia *I* y todas las curvas de pendiente λ_2 pertenecerán consecuentemente a la familia *II*.

Una vez evaluados los valores propios de la matriz $\underline{\underline{A}}$, es decir las pendientes de las curvas características en el plano físico es posible encontrar las curvas características en el plano de las variables dependientes (u, v) (Shapiro, 1953; Zucrow y Hoffman, 1976):

$$\left.\frac{dv}{du}\right|_1 = \frac{uv + a^2\sqrt{M^2-1}}{a^2 - v^2}$$
$$\left.\frac{dv}{du}\right|_2 = \frac{uv - a^2\sqrt{M^2-1}}{a^2 - v^2} \qquad \text{(I.5.10)}$$

El plano de las variables dependientes (u, v) también es conocido como plano hodógrafo o plano de las funciones.

Si se realiza el producto de las Ecs. I.5.8, que especifican las pendientes de las características en el plano físico (x, y), con las Ecs. I.5.10, que determinan pendientes de las curvas características en el plano de las funciones (u, v), se encuentra que:

$$\left.\frac{dy}{dx}\right|_1 \left.\frac{dv}{du}\right|_2 = -1$$
$$\left.\frac{dy}{dx}\right|_2 \left.\frac{dv}{du}\right|_1 = -1 \qquad \text{(I.5.11)}$$

Estas dos ecuaciones indican que las pendientes de las características físicas de la familia *I* son perpendiculares a las pendientes de las características hodógrafas de la familia *II* y que las pendientes de las características físicas de la familia *II* son perpendiculares a las pendientes de las características hodógrafas de la familia *I*.

Las pendientes de la curvas características en el plano (u, v) también pueden ser escritas sin la necesidad de introducir el número de Mach:

$$\left.\frac{dv}{du}\right|_{1,2} = \frac{uv \pm a\sqrt{u^2 + v^2 - a^2}}{a^2 - v^2} \qquad \text{(I.5.12)}$$

Las Ecs. I.5.10 y I.5.12 también se denominan relaciones de compatibilidad. Estas ecuaciones dan los valores que adquieren las variables dependientes (u, v) cuando las variables independientes (x, y) satisfacen las relaciones I.5.8 que determinan las curvas características en el plano de las variables independientes o plano físico.

Las relaciones de compatibilidad o curvas características en el plano de las funciones dadas en la Ec. I.5.12 son las imágenes de las respectivas curvas características en el plano físico o plano de las variables independientes descriptas por las Ecs. I.5.8. Es decir que cualquier variación sobre una curva característica en el plano físico implica también una variación sobre la relación de compatibilidad correspondiente en el plano de las funciones.

En los Capítulos III y IV se utilizarán estas expresiones para hallar soluciones a flujos bidimensionales, estacionarios, isoentrópicos e irrotacionales. Es común en la bibliografía especializada en Dinámica de Gases usar números romanos para indicar las familias de características y sus respectivas relaciones de compatibilidad, es decir se tiene que:

Família *I*:

$$\left.\frac{dy}{dx}\right|_I = \frac{uv + a^2\sqrt{M^2-1}}{u^2 - a^2} = \lambda_I \qquad \left(\frac{dv}{du}\right)_I = \frac{uv + a^2\sqrt{M^2-1}}{a^2 - v^2} \qquad \text{(I.5.13)}$$

Família *II*:

$$\left.\frac{dy}{dx}\right|_{II} = \frac{uv - a^2\sqrt{M^2-1}}{u^2 - a^2} = \lambda_{II} \qquad \left(\frac{dv}{du}\right)_{II} = \frac{uv - a^2\sqrt{M^2-a^2}}{a^2 - v^2} \qquad \text{(I.5.14)}$$

I.5.1. Flujo de Onda Simple

Un tipo especial de flujo denominado onda simple aparece frecuentemente en flujos compresibles tanto sea supersónico, plano, isoentrópico e irrotacional como unidimensional y dependiente del tiempo.

Las ondas simples en flujo supersónico estacionario, plano e irrotacional poseen las siguientes propiedades.

- En una onda simple las componentes del vector velocidad (u, v) no son independientes, es decir es posible expresar $u = u(v)$.
- En una onda simple las características de una familia son líneas rectas con propiedades constantes.
- Si una región con flujo uniforme colinda con una región con flujo no uniforme, ésta última debe ser una onda simple.
- Para el flujo que atraviesa una onda simple solamente se satisface una relación de compatibilidad. Es decir que si el flujo es perturbado por una onda (sea tanto de expansión o de compresión isoentrópica) de la familia *I* sólo se verificará la relación de compatibilidad para la familia *II* y viceversa.

Un ejemplo de onda simple está dado por una característica (o un conjunto de características de la misma familia) separando dos estados constantes. Un caso particular corresponde a ondas de expansión, es decir ondas que generan la disminución en forma continua de la presión del flujo a medida que éste evoluciona tal como se muestra en la Figura I.5.1. Otro caso particular son ondas de compresión isoentrópicas, en la cuales la presión del flujo se incrementa de manera continúa.

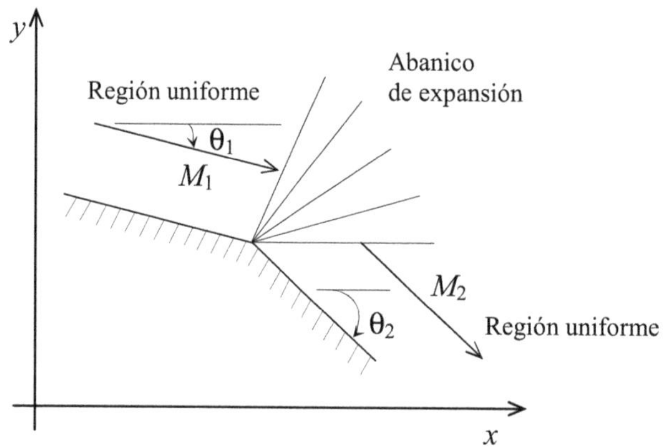

Fig. I.5.1 – Plano físico para un abanico de expansión.

I.6. ECUACIONES DE EULER UNIDIMENSIONALES

Las Ecuaciones de Euler representan el flujo de gases, en los cuales los efectos disipativos son despreciables y pueden ser obtenidas desde las Ecuaciones de Navier-Stokes y energía considerando nulas a la viscosidad ($\mu = 0$) y la conductividad térmica ($\eta = 0$).

En forma conservativa las Ecuaciones de Euler en una dimensión espacial y dependientes del tiempo pueden ser expresadas de la siguiente forma:

$$\frac{\partial \underline{U}}{\partial t} + \frac{\partial \underline{F}}{\partial x} = \underline{0} \qquad -\infty < x < \infty, \qquad t > 0 \tag{I.6.1}$$

donde con x se indica la coordenada espacial y con t el tiempo. $\underline{U}$ es el vector de las variables de estado conservativas que son la densidad ρ, la cantidad de movimiento ρu en la dirección del flujo y la energía E:

$$\underline{U} = \begin{bmatrix} \rho \\ \rho u \\ E \end{bmatrix} \tag{I.6.2}$$

Con u se expresa la velocidad en la dirección x y con E la energía total por unidad de volumen:

$$E = \rho\left(\frac{u^2}{2} + e\right) \tag{I.6.3}$$

siendo e la energía interna específica que, utilizando la ecuación de estado de gases perfectos ($p = \rho RT$), se expresa como:

$$e = \frac{p}{\rho(\gamma - 1)} \tag{I.6.4}$$

donde p es la presión y γ el exponente isoentrópico que puede evaluarse como el cociente de calores específicos a presión y volumen constantes ($\gamma = c_p/c_v$).

Además en la Ec. I.6.1 se tiene el vector flujo $\underline{F}$ dado por:

$$\underline{F} = \begin{bmatrix} \rho u \\ \rho u^2 + p \\ (E + p)u \end{bmatrix} \tag{I.6.5}$$

La Ec. I.6.1 representa un sistema de tres ecuaciones diferenciales en derivadas parciales. La primera ecuación corresponde al balance de masa y es la ecuación de continuidad, la segunda ecuación es la Segunda Ley de Newton y la tercera corresponde a la Primera Ley de la Termodinámica o balance de energía.

Se destaca que la Ec. I.6.1 no es la única formulación posible para las Ecuaciones de Euler. Una alternativa corresponde a la formulación integral en reemplazo de la formulación diferencial.

El sistema de Ecs. I.6.1 puede ser escrito como un sistema de EDPs introduciendo la matriz $\underline{\underline{A}}$:

$$\frac{\partial \underline{U}}{\partial t} + \underline{\underline{A}}\frac{\partial \underline{U}}{\partial x} = \underline{0} \qquad -\infty < x < \infty, \qquad t > 0 \tag{I.6.6}$$

Con $\underline{\underline{A}}$ se designa a la matriz Jacobiana de los flujos:

$$\underline{\underline{A}} = \frac{\partial \underline{F}}{\partial \underline{U}} = \begin{bmatrix} \frac{\partial f_1}{\partial u_1} & \frac{\partial f_1}{\partial u_2} & \frac{\partial f_1}{\partial u_3} \\ \frac{\partial f_2}{\partial u_1} & \frac{\partial f_2}{\partial u_2} & \frac{\partial f_2}{\partial u_3} \\ \frac{\partial f_3}{\partial u_1} & \frac{\partial f_3}{\partial u_2} & \frac{\partial f_3}{\partial u_3} \end{bmatrix}$$

siendo f_i (i = 1, 2, 3) las componentes del vector flujo $\underline{F}$ (Ec. I.6.5). Finalmente se consigue:

$$\underline{\underline{A}} = \frac{\partial \underline{F}}{\partial \underline{U}} = \begin{bmatrix} 0 & 1 & 0 \\ \frac{u^2}{2}(\gamma-3) & (3-\gamma)u & \gamma-1 \\ \frac{u^3}{2}(\gamma-2) - \frac{a^2 u}{\gamma-1} & \frac{(3-2\gamma)}{2}u^2 + \frac{a^2}{\gamma-1} & \gamma u \end{bmatrix} \tag{I.6.7}$$

Como se indicó en secciones anteriores, las pendientes de las curvas características en el plano de las variables independientes (x, t) serán los valores propios de la matriz Jacobiana $\underline{\underline{A}}$:

$$\lambda_1 = u - a; \quad \lambda_2 = u; \quad \lambda_3 = u + a \tag{I.6.8}$$

Se observa que la velocidad de propagación de una perturbación en un flujo compresible unidimensional e isoentrópico con respecto a la velocidad de la corriente es la velocidad del sonido. Por lo tanto toda información en el medio gaseoso se propagará por relaciones entre la velocidad del flujo y la velocidad del sonido con respeto al flujo tanto corriente arriba como corriente abajo.

Usando los valores propios dados en las Ecs. I.6.8 es posible calcular los vectores propios derechos:

$$\underline{R_c^{(1)}} = \begin{bmatrix} 1 \\ u-a \\ H-ua \end{bmatrix}; \quad \underline{R_c^{(2)}} = \begin{bmatrix} 1 \\ u \\ u^2/2 \end{bmatrix}; \quad \underline{R_c^{(3)}} = \begin{bmatrix} 1 \\ u+a \\ H+ua \end{bmatrix} \tag{I.6.9}$$

El subíndice c indica que los vectores propios han sido calculados por medio de la utilización de las variables conservativas. Además, H es la entalpía total específica de la corriente definida como:

$$H = \frac{E+p}{\rho} = \frac{u^2}{2} + h; \qquad h = e + \frac{p}{\rho} \tag{I.6.10}$$

siendo h la entalpía específica del gas.

Se observa que las Ecuaciones de Euler, para una dimensión espacial, conforman un sistema estrictamente hiperbólico al tener tres valores propios reales y distintos y tres vectores propios que forman una base del especio vectorial dónde habitan los vectores estados $\underline{U} = (\rho, \rho u, E)^T$.

Para evaluar los vectores propios de la matriz Jacobiana es conveniente introducir nuevas variables denominadas variables características, $\underline{W} = (\rho, u, p)^T$. El sistema I.6.1 resulta entonces:

$$\frac{\partial \underline{W}}{\partial t} + \underline{\underline{A_1}} \frac{\partial \underline{W}}{\partial x} = \underline{0} \quad -\infty < x < \infty, \qquad t > 0 \tag{I.6.11}$$

La matriz $\underline{\underline{A_p}}(\underline{W})$ ahora es:

$$\underline{\underline{A_p}}(\underline{W}) = \begin{bmatrix} u & \rho & 0 \\ 0 & u & \rho^{-1} \\ 0 & \rho a^2 & u \end{bmatrix} \tag{I.6.12}$$

El subíndice p indica que la matriz ha sido evaluada usando las variables primitivas.

Se destaca que esta última expresión para la matriz Jacobiana es mucho más simple que la dada en función de las variables conservativas ρ, ρu, E. Además, las variables características ρ, u, p presentan la ventaja de ser más fáciles de obtener mediante mediciones experimentales que las variables conservativas. Sin embargo, las formulaciones no conservativas poseen un gran inconveniente debido a que pueden calcular erróneamente ondas de choque propagándose en el flujo (Toro, 2009; LeVeque, 2005).

El sistema de ecuaciones I.6.11 representa los mismos fenómenos físicos (mismos tipos de flujos) que el sistema I.6.6, por lo tanto los valores propios de la matriz dada en I.6.12 deben ser idénticos a los de $\underline{\underline{A}}$ expresada en I.6.7:

$$\lambda_1 = u - a,$$
$$\lambda_2 = u,$$
$$\lambda_3 = u + a,$$

Esto es así porque la información se propaga a la misma velocidad independientemente de las variables utilizadas para representar matemáticamente el fenómeno en estudio.

Al igual que sucede con los valores propios, los vectores propios también poseen expresiones más simples con la formulación en variables primitivas que con la formulación en variables conservativas:

$$\underline{R_p^{(1)}} = \begin{bmatrix} 1 \\ -a/\rho \\ a^2 \end{bmatrix}; \quad \underline{R_p^{(2)}} = \begin{bmatrix} 1 \\ 0 \\ 0 \end{bmatrix}; \quad \underline{R_p^{(3)}} = \begin{bmatrix} 1 \\ a/\rho \\ a^2 \end{bmatrix} \tag{I.6.13}$$

Conocidos los valores propios, las ecuaciones diferenciales para las curvas características en el plano físico (x, t) son dadas por:

$$\left.\frac{dx}{dt}\right|_1 = u - a, \quad \left.\frac{dx}{dt}\right|_2 = u, \quad \left.\frac{dx}{dt}\right|_3 = u + a \tag{I.6.14}$$

Es posible determinar las relaciones de compatibilidad en el espacio de las funciones, ρ, u, p, correspondientes a las curvas características dadas en las Ecs. I.6.14 (Abbott, 1966 y Apéndice A):

$$\begin{aligned} \left.\frac{dx}{dt}\right|_1 &= u - a \rightarrow \frac{a}{\rho} d\rho = du \\ \left.\frac{dx}{dt}\right|_2 &= u \rightarrow \frac{dp}{d\rho} = a^2 \\ \left.\frac{dx}{dt}\right|_3 &= u + a \rightarrow -\frac{a}{\rho} d\rho = du \end{aligned} \tag{I.6.15}$$

Las Ecs. I.6.14 determinan las curvas características en el plano de las variables independientes o plano físico (x, t), mientras que las expresiones I.6.15 especifican las relaciones de compatibilidad o curvas características en el espacio de las variables dependientes (ρ, u, p).

Se demuestra que las curvas características dadas por $\left. dx/dt \right|_2 = u$ transportan la variación de entropía del flujo (ver Apéndice A). Por lo tanto si el flujo es isoentrópico estas características no aportan información extra y no es necesario considerarlas. También se destaca en la relación de compatibilidad para la característica que se mueve con la velocidad del flujo no es más que la definición de la velocidad del sonido. Por lo tanto, si el flujo es isoentrópico el sistema de curvas características y sus relaciones de compatibilidad se reduce solamente a dos familias:

$$\begin{aligned} \left.\frac{dx}{dt}\right|_I &= u + a \quad \rightarrow \quad -\frac{a}{\rho} d\rho = du \quad \text{familia } I \text{ o familia } P \\ \left.\frac{dx}{dt}\right|_{II} &= u - a \quad \rightarrow \quad +\frac{a}{\rho} d\rho = du \quad \text{familia } II \text{ o familia } Q \end{aligned} \tag{I.6.16}$$

La relación de compatibilidad para la familia *I* estará dada al resolver la ecuación diferencial:

$$-\frac{a}{\rho}d\rho = du \tag{I.6.17}$$

Para tal fin se hace uso de la relación que especifica la velocidad del sonido (Tamagno *et al.*, 2008):

$$a^2 = \left.\frac{dp}{d\rho}\right|_{s=\text{cte.}} \tag{I.6.18}$$

Recordando que para flujo isoentrópico es posible expresar la presión en función de la densidad del medio:

$$p = c\rho^{\gamma} \tag{I.6.19}$$

Por medio de la utilización de las Ecs. I.6.18 y I.6.19 se deduce que la velocidad no depende de la presión si el flujo es isoentrópico:

$$a = \sqrt{c\gamma}\rho^{\frac{\gamma-1}{2}} \tag{I.6.20}$$

La introducción de esta última expresión en la Ec. I.6.17 permite realizar la integración de esta:

$$\frac{2}{\gamma-1}a + u = P = \text{cte.} \tag{I.6.21}$$

De forma similar, pero integrando la ecuación diferencial

$$\frac{a}{\rho}d\rho = du \tag{I.6.22}$$

se obtiene:

$$\frac{2}{\gamma-1}a - u = Q = \text{cte.} \tag{I.6.23}$$

Las expresiones *P* y *Q* (Ecs. I.6.21 y I.6.23) se denominan Invariantes de Riemann y serán utilizados en el Capítulo II para la solución de flujos inestacionarios unidimensionales. De esta forma se explicita la razón de las denominaciones utilizadas en las Ecs. I.6.16 para las familias de curvas características *I* y *II*.

I.7. EJERCICIOS

1. Mostrar que las curvas características en los puntos del plano físico forman el ángulo de Mach con el vector velocidad.
2. Demostrar que para la característica física $dx/dt|_2 = u$ se verifica que la entropía se mantiene constante.

Capítulo II

Flujo Unidimensional Inestacionario

II.1. INTRODUCCIÓN

En este capítulo se estudiarán procesos unidimensionales en los cuales los parámetros del movimiento y del estado del gas son funciones de una única coordenada de posición x y del tiempo t. Por lo tanto el dominio del flujo o plano físico será el (x, t). El análisis a desarrollar es aplicable a gases perfectos o semi-perfectos y a flujos en conductos con paredes en las cuales el área transversal no es función del tiempo.

En problemas estacionarios unidimensionales, además de especificar la sección transversal, la fricción y el agregado (o sustracción) de calor, para determinar las propiedades del flujo en cualquier sección se necesitan conocer otros tres parámetros independientes. Aunque la selección de estos parámetros es arbitraria y depende del problema en cuestión, en problemas estacionarios se vio la conveniencia de describir el proceso en términos del número de Mach y de dos variables de estado, la presión y la temperatura. Para los problemas inestacionarios, es más conveniente utilizar otras variables de estado: la velocidad del sonido a, la velocidad del flujo u (que puede ser absoluta o relativa en una terna de referencia móvil) y la entropía específica s. Estas variables parecen ser adecuadas si se tiene en cuenta su vinculación con la propagación de perturbaciones (o señales). Además, puesto que a y u son velocidades y poseen las mismas dimensiones, se pueden formar combinaciones que al permanecer constantes facilitan la solución de problemas inestacionarios. En cuanto a la entropía s, cabe añadir que puede eliminarse como variable en todas las transformaciones isoentrópicas.

En el desarrollo de los temas de este capítulo, se mostrará como se construye la solución de problemas inestacionarios en base a perturbaciones que, introducidas en cierta región del campo de movimiento, se propagan hacia otras zonas. Además se analizará la interacción de dichas perturbaciones con otras preexistentes y con las condiciones de contorno que limitan el campo de movimiento.

II.2. CURVAS CARACTERISTICAS Y ONDAS EN FLUJO INESTACIONARIO

En cualquier punto del dominio (x, t), el movimiento está determinado por la información que, proveniente de otras estaciones, llega en ese instante a la posición o estación x. Señales con información concerniente a las condiciones del flujo son enviadas continuamente desde una estación a otras y las características son los caminos de esas señales en el plano (x, t).

Las Ecs. I.6.21 y I.6.23 permiten evaluar las funciones P y Q según direcciones características. Si el comportamiento de dichas funciones es conocido, entonces, la naturaleza de la información que transmiten dichas características puede ser determinada. Sea por ejemplo un movimiento isoentrópico en un conducto de sección constante y sin fuerzas másicas. Entonces las Ecs. I.6.21 y I.6.23 son:

$$\left(\frac{dP}{dt}\right)_I = 0 \quad \rightarrow \quad P = \frac{2}{\gamma - 1}a + u = \text{cte.} \tag{II.2.1}$$

$$\left(\frac{dQ}{dt}\right)_{II} = 0 \quad \rightarrow \quad Q = \frac{2}{\gamma - 1}a - u = \text{cte.} \tag{II.2.2}$$

es decir P es constante a lo largo de una característica de la familia I y Q lo es a lo largo de una característica de la familia II. Por otra parte la entropía s permanece constante sobre la trayectoria de cada partícula (ver Apéndice A).

Si los invariantes de Riemann P y Q son conocidos en un determinado estado, desde las Ecs. II.2.1 y II.2.2 es posible deducir los valores de la velocidad u y de la velocidad del sonido a para dicho estado:

$$u = \frac{1}{2}(P - Q) \tag{II.2.3}$$

$$a = \frac{\gamma - 1}{4}(P + Q) \tag{II.2.4}$$

Con referencia a la Figura II.2.1 supóngase que el parámetro P se incrementa en dP mientras Q se mantiene constante. Este cambio de condiciones en una estación corriente arriba, se propagará según una característica de la familia I y la señal pasará de un valor P a otro $P + dP$. Se puede hablar de propagación de una perturbación cuando sucesivas características de una familia transportan señales diferentes.

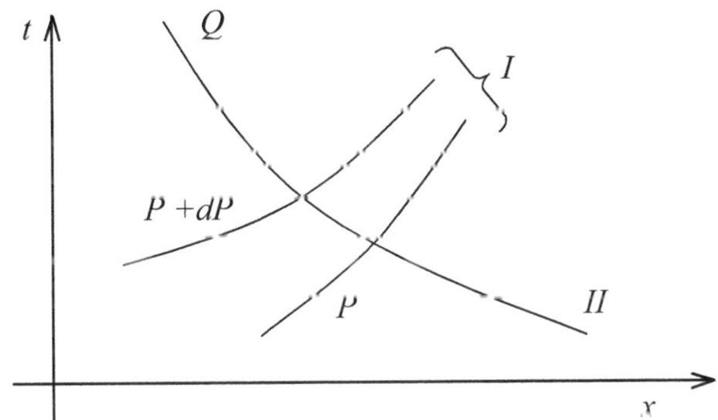

Fig. II.2.1 – Plano físico: ondas P en un campo Q constante.

Cuando la variación de la señal desde una característica a otra es continua y monótona creciente o decreciente, la perturbación se denomina **onda**. Una onda propagándose en un flujo uniforme se denomina **onda simple**. Además, si una función de Riemann varía de manera continua la otra debe permanecer constante, lo cual permite determinar la relación existente entre *da* y *du* en la onda simple. En este caso por ser Q = cte., resulta:

$$da = \frac{\gamma - 1}{2} du$$

Como un caso particular, si se trata de un estado constante (las propiedades termodinámicas se mantienen constantes), las ondas (ondas simples) en el plano físico (x, t) serán rectas. En particular, si el gas es homogéneo y está en reposo, las características serán líneas rectas de pendientes $+a$ y $-a$ según se trate de la primera o de la segunda familia y las trayectorias de las partículas serán líneas verticales en el plano (x, t).

Considérese una onda simple de la primera familia, esto es, una sucesión continua de características tal que a cada una de ellas le corresponda un valor distinto de P. Se supone que estas ondas se propagan en una región en la cual Q = cte.

Si $P_2 > P_1$, entonces:

$$P_2 - Q_2 > P_1 - Q_1$$

lo cual implica $u_2 > u_1$.

También es:

$$P_2 + Q_2 > P_1 + Q_1$$

lo cual implica $a_2 > a_1$. Por lo tanto:

$$p_2 > p_1$$

$$a_2 + u_2 > a_1 + u_1$$

Se concluye entonces que si en ondas simples de la familia *I* el valor del parámetro de Riemann P crece continuamente con el tiempo, entonces la presión también lo hace y las características de las ondas convergen. De manera similar se puede demostrar que en una onda simple en la cual Q es monótona creciente, la presión aumenta y las características en el plano físico son convergentes. En ambos casos se trata de ondas de compresión, una de las cuales viaja hacia la derecha (características de la familia *I*) y otra hacia la izquierda [características de la familia *II* - Figuras II.2.2(a) y II.2.2(b)].

Por otra parte, se verifica que la presión disminuye y las características divergen en ondas a través de las cuales el parámetro de Riemann pertinente disminuye. Se producen entonces ondas de expansión que viajan hacia la derecha (características de la familia *I*) o hacia la izquierda [características de la familia *II* - Figuras II.2.3(a) y II.2.3(b)].

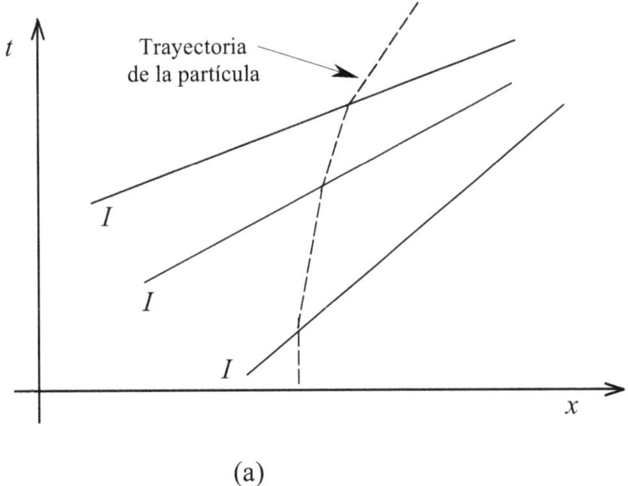

(a)

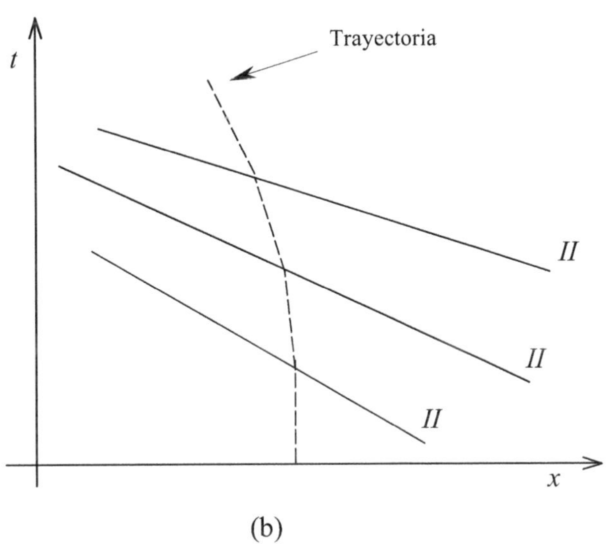

(b)

Fig. II.2.2 - Plano físico: ondas simples de compresión que viajan hacia la derecha (a) y a la izquierda (b).

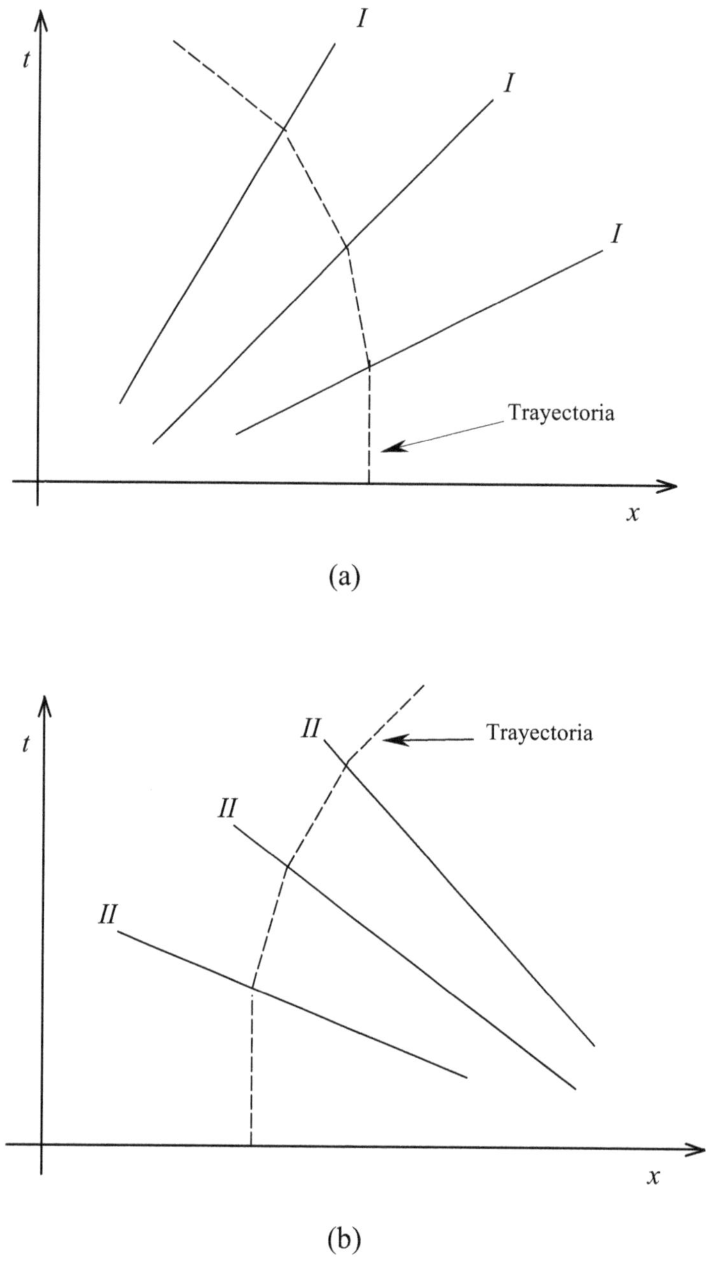

Fig. II.2.3 - Plano físico: ondas simples de expansión que viajan hacia la derecha (a) y a la izquierda (b).

Se ha visto que en una onda simple de compresión, las características de una misma familia se interceptan y cuando esto ocurre se forma una onda de choque, esto es, se produce una discontinuidad finita en el parámetro de Riemann correspondiente. Cuando el choque se produce por la intersección de características de la familia *I*, se denomina choque *P*. Cuando se produce por la intersección de características de la familia *II*, se denomina choque *Q*. El estudio de las ondas de choque en flujo inestacionario será realizado más adelante, por ahora se dará continuidad al análisis de flujos inestacionarios e isoentrópicos.

Las ondas simples de expansión se difunden a medida que progresan. Cuando todas las características de una onda simple de expansión se originan en un punto común del plano (x, t), la onda se denomina onda de expansión centrada. La primera característica de la onda vista desde el lado hacia donde se propaga, se identifica como la cabeza de la onda y la última como la cola de la onda (Figura II.2.4). Una onda simple centrada puede ser interpretada como el límite tendiendo hacia el punto del origen de la perturbación (Figuras II.2.5 y II.2.6).

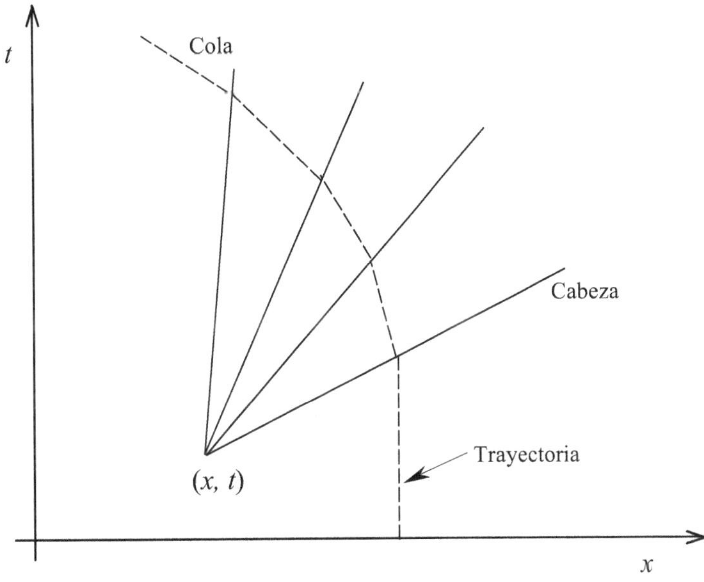

Fig. II.2.4 - Plano físico: ondas simples de expansión centradas.

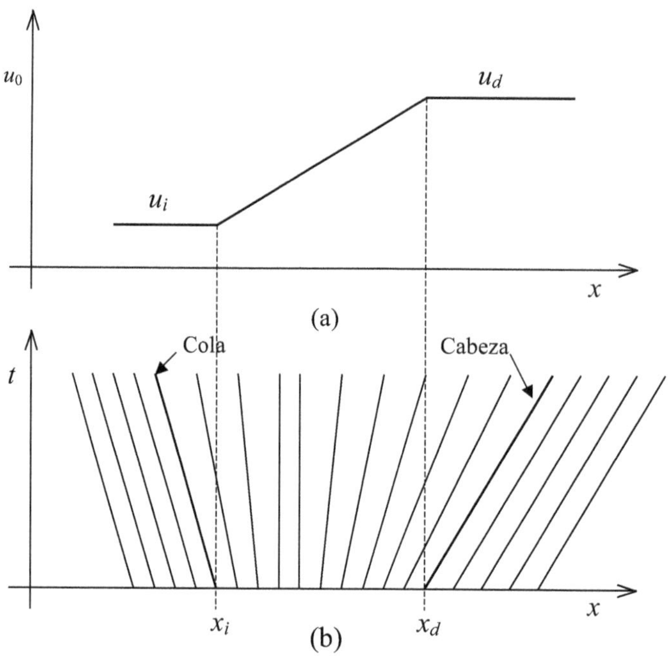

Fig. II.2.5 – Ondas simples de expansión no-centradas: datos iniciales de la expansión (a) y plano físico (b).

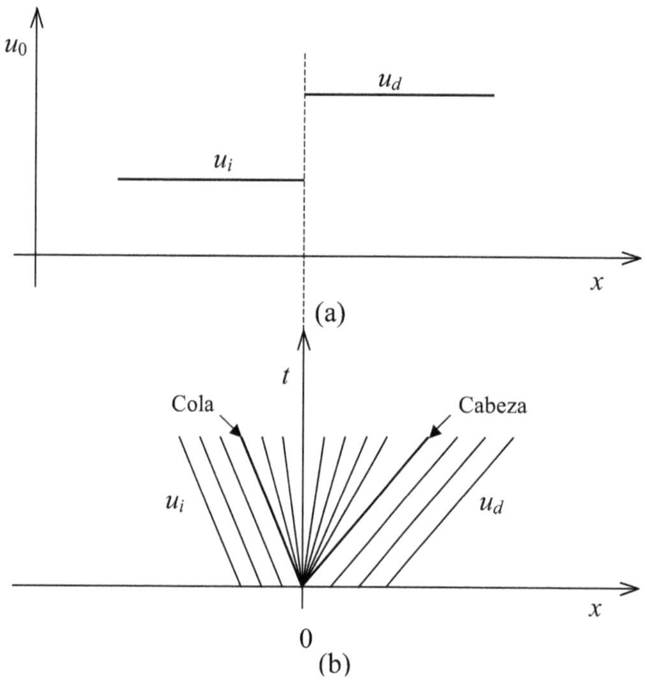

Fig. II.2.6 – Ondas simples de expansión centradas: datos iniciales de la expansión discontinua (a) y características en el plano físico (b).

II.2.1. Interacción de Ondas

Considérese una onda de compresión que interacciona con otra de expansión que se propaga en sentido contrario. Sean **1** y **2** dos puntos del plano (x, t) que representan para una misma posición, dos instantes diferentes de la interacción (Figura II.2.7). Por ser la de compresión una onda tipo P que se propaga hacia la derecha, se tiene $P_2 > P_1$ y por ser la de expansión una onda tipo Q que se propaga hacia la izquierda resulta $Q_2 < Q_1$. La diferencia de velocidad entre los puntos **1** y **2** se puede expresar por:

$$u_2 - u_1 = \frac{1}{2}\left[(P_2 - P_1) - (Q_2 - Q_1)\right] > 0$$

y la diferencia de la velocidad del sonido entre ambos puntos resulta:

$$a_2 - a_1 = \frac{\gamma - 1}{4}\left[(P_2 - P_1) + (Q_2 - Q_1)\right] \gtrless 0$$

De la última expresión se deduce que la presión puede aumentar o disminuir, dependiendo de cual de las dos es la onda más intensa o predominante. Por otra parte siempre resulta $u_2 > u_1$.

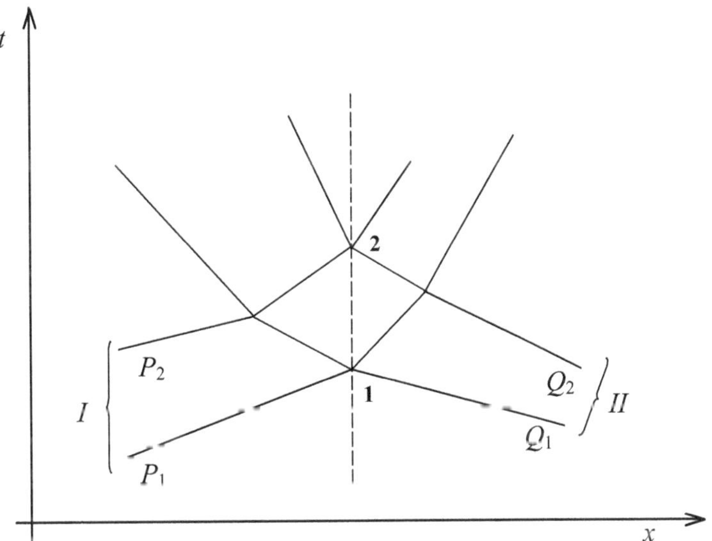

Fig. II.2.7 Plano físico: interacción entre ondas de compresión y expansión.

II.2.2. Características en el Plano de las Funciones o Variables de Estado

Si el movimiento es isoentrópico, no existen fuerzas másicas y la sección del conducto es constante, las curvas características en el plano de las funciones (a, u) pueden identificarse asignando valores constantes a P y Q. Pero para obtener números de fácil manejo es conveniente vincular P y Q con un nuevo conjunto de valores I y II tales que:

$$I = 500\left(1 + \frac{\gamma - 1}{2}\frac{P}{a_0}\right) \qquad \text{(II.2.5a)}$$

$$II = 500\left(1 + \frac{\gamma - 1}{2}\frac{Q}{a_0}\right) \qquad \text{(II.2.5b)}$$

donde se ha dividido por a_0 para obtener relaciones adimensionales, siendo a_0 la velocidad del sonido en el estado considerado como referencia. Se debe notar que el subíndice cero representa los valores de las variables termo-mecánicas en el estado de referencia y no a valores de estancamiento.

Al tener en cuenta las definiciones de P y Q dadas por las Ecs. II.2.1 y II.2.2, las Ecs. II.2.5a y II.2.5b se pueden escribir:

$$I = 500\left(1 + \frac{a}{a_0} + \frac{\gamma - 1}{2}\frac{u}{a_0}\right) \qquad \text{(II.2.6a)}$$

$$II = 500\left(1 + \frac{a}{a_0} - \frac{\gamma - 1}{2}\frac{u}{a_0}\right) \qquad \text{(II.2.6b)}$$

de donde es posible deducir:

$$\frac{u}{a_0} = \frac{2}{\gamma - 1}\frac{(I - II)}{1000} \qquad \text{(II.2.7a)}$$

$$\frac{a}{a_0} = \frac{I + II}{1000} - 1 \qquad \text{(II.2.7b)}$$

que permiten calcular la velocidad del sonido y la del fluido a partir de los valores de las coordenadas características I y II.

II.2.3. Generación de una Onda Simple

La manera en que una onda simple puede ser físicamente generada se ilustra en la Figura II.2.8. En dicha figura se han utilizado las variables tiempo y espacio en forma adimensional. La adimensionalización se consigue mediante la utilización de una velocidad a_0 y una longitud l_0 de referencia, resultando:

$$\tau = \frac{a_0 t}{l_0} \quad \text{y} \quad \zeta = \frac{x}{l_0}$$

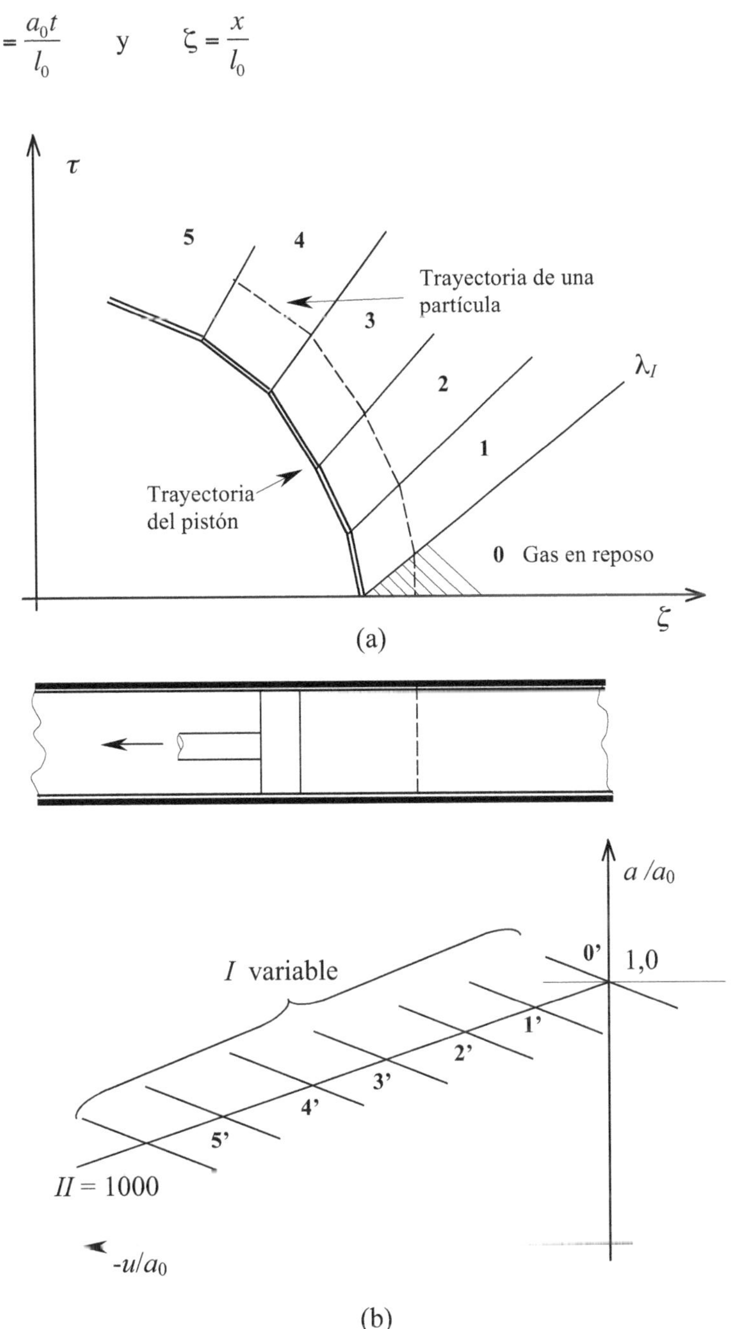

Fig. II.2.8 - Generación de una onda simple por el movimiento de un pistón: plano físico (a); plano de las funciones (b).

Inicialmente el pistón y el gas a su derecha están en reposo. El pistón comienza entonces a moverse hacia la izquierda y va acelerándose gradualmente. El movimiento continuo del pistón puede discretizarse por una serie de cambios instantáneos de la velocidad con intervalos de velocidad constante entre cada par de aceleraciones impulsivas. Esto es equivalente a reemplazar la trayectoria continua del pistón por una sucesión de tramos rectos.

Cada vez que el pistón cambia de velocidad, se origina una onda que se propaga en el gas situado a su derecha. Aquí es importante notar que la emisión de ondas está relacionada con la existencia de cambios de velocidades o aceleraciones en el pistón. Estas ondas, que son de expansión, están representadas por características de la familia *I* en el plano físico. Únicamente cuando el fluido recibe la influencia de las sucesivas ondas se producen variaciones de u y a. Por lo tanto las propiedades del fluido son constantes a lo largo de las características *I* del plano físico. Además teniendo en cuenta que:

$$\left(\frac{dx}{dt}\right)_I = u + a$$

$$\frac{d(l_0\zeta)}{d(l_0\tau/a_0)} = a_0\frac{d\zeta}{d\tau} = u + a$$

$$\left(\frac{d\tau}{d\zeta}\right)_I = \left(\frac{u}{a_0} + \frac{a}{a_0}\right)^{-1}$$

se deduce que las características *I* deben ser líneas rectas.

Puesto que en cada una de las zonas **0**, **1**, **2**, ... , **5** del plano físico la velocidad del fluido y del sonido están unívocamente definidas, a cada una de dichas zonas le corresponde un único punto del plano de las funciones. Además, las propiedades del fluido en el plano físico cambian únicamente cuando se cruza una característica de la familia *I* ya que el valor asignado a *II* se mantiene constante. Por eso, a cada uno de los estados del plano físico **0**, **1**, **2**, ... , **5** le corresponde los puntos **0'**, **1'**, **2'**, ... , **5'** del plano de las funciones situados sobre una misma característica pero de la familia opuesta a la que modifica el flujo en el plano físico. Se trata entonces de una onda simple. Esto está de acuerdo con lo enunciado en la Sección I.5.1 del Capítulo I donde se dijo que en toda región física colindante con otra donde el flujo es uniforme (estacionario), el movimiento que se establece es del tipo de una onda simple.

Con referencia a la Figura II.2.8 se observa que la primera onda de expansión producida por el movimiento del pistón se propaga hacia la derecha con la velocidad del sonido del gas en reposo o sin perturbar. Como a la condición de gas en reposo corresponde $u = 0$ y $a = a_0$, se deduce de las Ecs. II.2.6a y II.2.6b que al punto **0'** en el plano de las funciones corresponde:

$$I_0 = 1000$$

$$II_0 = 1000$$

Ya que el gas en contacto con el pistón tiene la misma velocidad que éste y como todos los estados de la onda simple están representados sobre la característica $II = 1000$, la trayectoria del pistón se representa eligiendo varios puntos sobre esta característica. Sean dichos puntos **0'**, **1'**, **2'**, ... , **5'**, a cada uno de estos puntos le corresponde una velocidad del gas igual a la del pistón y una velocidad del sonido determinada. Si en el trazado de la recta $II = 1000$ se tienen en cuenta las escalas y se procede con exactitud, entonces puede optarse por una solución gráfica. Sin embargo, conviene proceder analíticamente ya que los cálculos resultan muy simples. Así, utilizando la Ec. II.2.7a se puede deducir el valor correspondiente de I y luego, mediante la Ec. II.2.7b se determina la velocidad del sonido. Se destaca que para todo el cálculo debe usarse el mismo estado de referencia para adimensionalizar las Ecs. II.2.7.

Como ejemplo del procedimiento expuesto supóngase que en la zona **3** la velocidad del pistón es:

$$\frac{u_{p3}}{a_0} = -0{,}4$$

De la Ec. II.2.7a con $II_3 = 1000$ y $\gamma = 1{,}4$ se encuentra que $I_3 = 920$. Por lo tanto con la Ec. II.2.7b se obtiene:

$$\frac{a_3}{a_0} = 0{,}920$$

Además, de relaciones isoentrópicas resulta (Tamagno *et al.*, 2008):

$$\frac{p_3}{p_0} = \left[\frac{a_3}{a_0}\right]^{\frac{2\gamma}{\gamma-1}} = 0{,}56$$

$$\frac{T_3}{T_0} = \left[\frac{a_3}{a_0}\right]^2 = 0{,}846$$

Supóngase ahora que el pistón luego de alcanzar la velocidad $u_p/a_0 = -0{,}8$ la mantiene constante. Entonces en la zona **5** del plano físico existirá un estado de movimiento y presión uniforme. Para dicha zona se encuentra que:

$$I_5 = 840 \quad \text{y} \quad \frac{a_5}{a_0} = 0{,}84$$

Para el trazado de las características en el plano físico se consideran valores promedios de las pendientes correspondientes a dos zonas sucesivas. Así por ejemplo la característica que separa la zona **2** de **3**, tendrá por pendiente:

$$\left(\frac{d\tau}{d\zeta}\right)_{2-3} = \frac{1}{2}\left[\frac{1}{\frac{u_3}{a_0}+\frac{a_3}{a_0}} + \frac{1}{\frac{u_2}{a_0}+\frac{a_2}{a_0}}\right] \qquad \text{(II.2.8)}$$

El cálculo de lo que ocurre en un gas que está en contacto con un pistón que se mueve ilustra el rol de las características como líneas de discontinuidades en derivadas de funciones de la velocidad de la partícula y del sonido, y muestra como pueden empalmar diferentes tipos de movimiento. En este caso se ha visto como la primera característica une una región de estado constante con una onda simple de expansión y la última une la onda simple con una zona donde existe un estado de movimiento y presión uniformes.

Puede encontrase una solución explícita para la trayectoria de las partículas de un pistón cuyo movimiento puede ser descrito por una función arbitraria (Courant y Friedrichs, 1948).

II.2.4. Onda Simple Centrada

Las ondas de la Figura II.2.9 son centradas puesto que todas se originan en un único punto. Una onda simple centrada puede concebirse producida por un pistón que partiendo desde el reposo alcanza instantáneamente una velocidad finita. El movimiento del gas que resulta de esta acción se calcula de la misma forma que en el caso anterior, excepto que ahora la aceleración de la trayectoria del pistón necesaria para que este alcance el estado de velocidad constante u_5 se reduce a un punto.

Este caso no es práctico porque el pistón requiere una aceleración infinita. Sin embargo si el pistón se mueve con una ley tal que le permita seguir la trayectoria de la partícula que se indica en la Figura II.2.9, también producirá una onda simple centrada sin que ello implique aceleraciones infinitas.

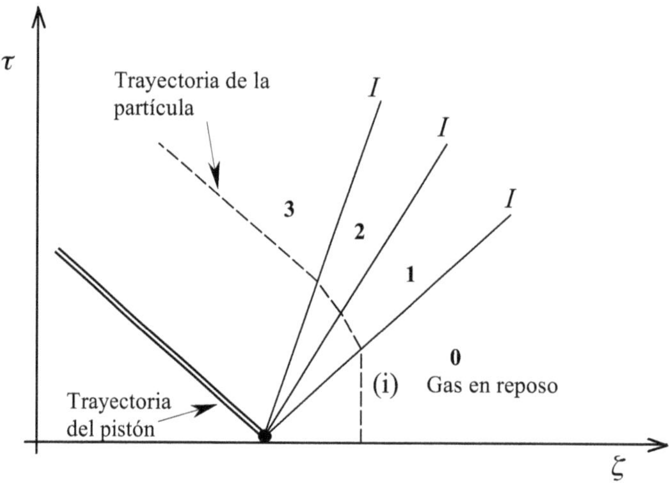

Fig. II.2.9 – Plano físico: onda simple centrada.

II.2.5. Velocidad de Escape

En una onda simple de expansión, en la cual el invariante I permanece constante, la Ec. II.2.6a permite relacionar cualquier zona de la onda con el estado constante colindante. Se escribe entonces:

$$\frac{a}{a_0} + \frac{\gamma - 1}{2}\frac{u}{a_0} = 1 \qquad \text{(II.2.9)}$$

teniendo en cuenta que $I = 1000$ para el gas en reposo.

La máxima velocidad de las partículas se obtiene en el vacío cuando $a = 0$, lo cual implica que la presión y la temperatura del gas son nulas. Resulta entonces:

$$\left|\frac{u}{a_0}\right|_{max} = \frac{2}{\gamma - 1} \quad \rightarrow \quad |u|_{max} = \frac{2}{\gamma - 1} a_0 \qquad \text{(II.2.10)}$$

Si la velocidad del pistón es mayor que la máxima que pueden alcanzar las partículas del gas, éstas no podrían permanecer en contacto con la superficie del pistón y se formaría una zona adyacente donde no existiría gas. Estas consideraciones están basadas en el tratamiento del gas como un continuo y pierden validez cuando las presiones son muy bajas. Para un análisis más realista de lo que ocurre cuando el gas se aproxima a su velocidad límite debe recurrirse a teorías cinéticas.

II.3. OPERACIONES UNITARIAS Y CONDICIONES DE CONTORNO

Los problemas inestacionarios pueden solucionarse construyendo redes de curvas características en el plano físico y en el plano de las funciones. La construcción de estas redes útiles para describir el flujo en el interior de conductos, requiere de la aplicación repetida de ciertos pasos. Asimismo, también es necesaria la aplicación repetida de pasos distintos de los anteriores para satisfacer condiciones de contorno en los extremos y de empalme a través de discontinuidades. Un conjunto determinado de pasos que puede ser utilizado repetitivamente para describir movimientos inestacionarios en conductos constituye un proceso unitario. A continuación se procederá a analizar varios procesos unitarios y se mostrará como pueden ser aplicados para construir soluciones complejas. En todos los casos, el método a emplear consiste en dividir el plano físico (x, t) en zonas donde las propiedades del fluido se mantienen constantes y se supondrá que los cambios en dichas propiedades ocurren solamente a través de ondas o características que separan las diversas zonas.

II.3.1. Intersección de Ondas

Es uno de los procesos unitarios fundamentales. Con referencia a la Figura II.3.1, se supone que las propiedades del fluido (en particular u y a) se conocen en la zona **1**. Si la intensidad de la onda a está dada, el punto **2'** puede localizarse en el plano de las funciones ya que a **1** y **2** les corresponde la misma característica *II*. En el plano físico la onda a puede trazarse con una dirección correspondiente a las propiedades medias entre **1** y **2**. Análogamente, si la intensidad de la onda b se conoce, el punto **3'** puede también ubicarse en el plano de las funciones y la dirección de b queda determinada.

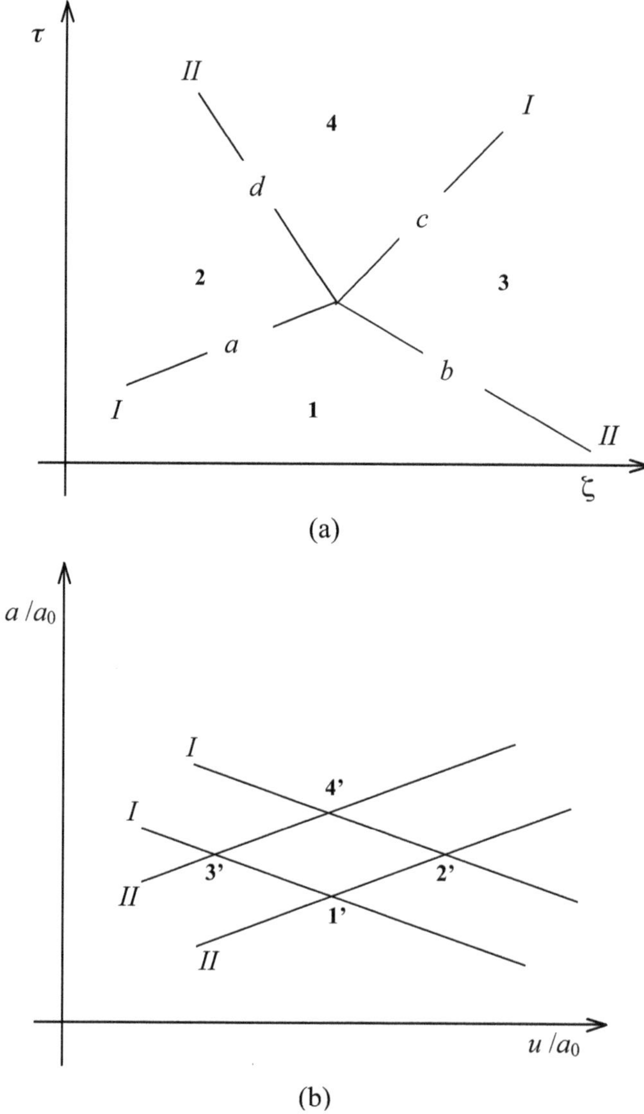

Fig. II.3.1 - Análisis de intersección de ondas: plano físico (a); plano de las funciones (b).

El punto **4'** se ubica en el plano de las funciones en la intersección de la característica *II* que pasa por el punto **3'** y la característica *I* que pasa por **2'**. Así las propiedades del fluido quedan definidas en la zona **4** del plano físico. En efecto, se aplican las Ecs. II.2.7 a la zona **4**:

$$\frac{u_4}{a_0} = \frac{2}{\gamma - 1}\frac{\left(I_2 - II_3\right)}{1000} \qquad \text{(II.3.1)}$$

$$\frac{a_4}{a_0} = \frac{I_2 + II_3}{1000} - 1 \qquad \text{(II.3.2)}$$

La dirección de la onda *d* se determina con valores medios entre **2** y **4** y la de la onda *c* con valores medios entre **3** y **4**.

Nótese que cuando las características se cruzan modifican su dirección, por lo tanto forman un reticulado. Por otra parte el carácter de la onda no se altera cuando cruza otra onda de la familia opuesta, es decir una onda de compresión sigue siendo de compresión y una de expansión continúa siendo de expansión.

II.3.2. Conducto con un Extremo Cerrado por una Pared Sólida

Con referencia a la Figura II.3.2, se supone que la onda de compresión *a* que se propaga en la zona **1** es de intensidad conocida. Puesto que las condiciones en **1** también son conocidas, los puntos **1'** y **2'** pueden ubicarse en el plano de las funciones. El punto **2'** está sobre la característica de la familia *II* que pasa por **1'**. El gas que en **1** está en reposo es puesto en movimiento por la onda *a*, por lo tanto la velocidad en **2** no es nula. Para preservar la condición de velocidad nula contra la pared sólida estacionaria, necesariamente debe producirse una onda reflejada *b*.

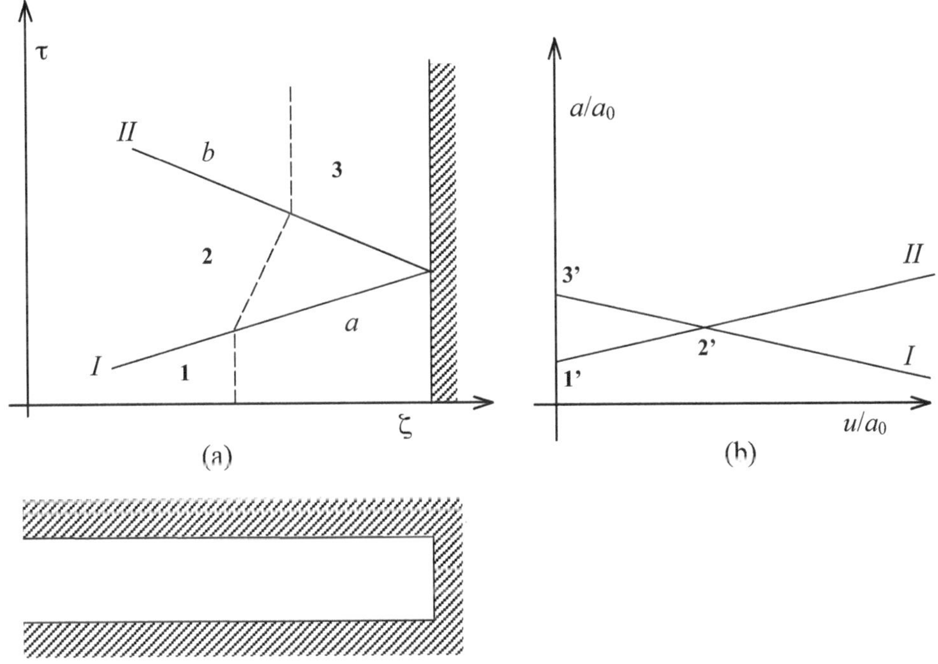

Fig. II.3.2 Reflexión de la onda desde un extremo cerrado: plano físico (a); plano de las funciones (b).

Puesto que en el plano físico, al pasar de la zona **2** a la zona **3** se cruza una característica de la familia *II*, el punto **3'** estará sobre la característica *I* en el plano de las funciones que pasa por el punto **2'**. Además como $u_3 = 0$, el punto **3'** puede ubicarse en el plano (u, a) sobre el eje a/a_0. Por ser $u_3 = 0$, de la Ec. II.2.7a se deduce que $I_3 = II_3$. Entonces se cumple que:

$$I_2 = I_3 = II_3 \qquad \text{(II.3.3)}$$

Análogamente, por ser $u_1 = 0$, también se cumple que:

$$II_2 = II_1 = I_1 \qquad \text{(II.3.4)}$$

De las Ecs. II.2.6b y II.3.4 se deduce:

$$\frac{a_2}{a_0} = \frac{a_1}{a_0} + \frac{\gamma - 1}{2}\frac{u_2}{a_0} \qquad \rightarrow \qquad a_2 > a_1$$

y de las Ecs. II.2.6a y II.3.3 se obtiene:

$$\frac{a_3}{a_0} = \frac{a_2}{a_0} + \frac{\gamma - 1}{2}\frac{u_2}{a_0} \qquad \rightarrow \qquad a_3 > a_2$$

lo cual implica que la característica reflejada transmite el mismo tipo de señal que la incidente. Por ello se puede afirmar que una onda de compresión se refleja a partir de una pared sólida estacionaria como otra onda de compresión.

Si el análisis se hubiera efectuado con una onda de expansión se hubiera concluido que una onda de expansión se refleja a partir de una pared sólida estacionaria también como una onda de expansión.

El procedimiento empleado para analizar la reflexión de una onda desde una pared sólida estacionaria, puede emplearse para el análisis del caso en que la pared se mueve con una velocidad determinada. Si bien la onda incidente *a* es de compresión, la reflejada *b* puede no serlo. Todo depende de la velocidad de la pared ya que si $u_3 > u_2$, la onda reflejada *b* será de expansión y si $u_3 < u_2$ la onda *b* será de compresión. Cuando $u_3 = u_2$, no se produce ninguna reflexión dado que la onda nunca alcanza la pared.

II.3.3. Conducto con un Extremo Abierto

Un análisis exacto de lo que ocurre cuando el gas que fluye por un conducto se pone en contacto con condiciones externas al mismo a través de uno de sus extremos es complejo. Por ello se recurre a hipótesis simplificadoras que, a la vez que mantienen condiciones de contorno representativas del extremo abierto, facilitan la solución del problema. En particular se supone que la adaptación a las condiciones externas ocurre instantáneamente y además resulta conveniente discutir por separado el flujo saliente del entrante. En este libro se discutirán únicamente flujos salientes por el extremo abierto del conducto.

Si el flujo saliente es subsónico, la presión a la salida del conducto es siempre igual a la presión ambiente. El sistema de ondas que se origina en la sección de salida hace que se cumpla esta condición. Si el movimiento además de subsónico es isoentrópico, en la sección de salida del conducto siempre se cumplirá que:

$$\frac{a_s}{a_0} = \left(\frac{p_s}{p_0}\right)^{\frac{\gamma-1}{2\gamma}} = \left(\frac{p_a}{p_0}\right)^{\frac{\gamma-1}{2\gamma}} = \text{cte}. \qquad \text{(II.3.5)}$$

El subíndice s es aplicable a las condiciones del fluido a la salida del conducto. La presión p_s en la sección de salida es igual a la presión ambiente p_a. La velocidad a_0 y la presión p_0 son valores de referencia. La ecuación anterior expresa que la velocidad del sonido en el extremo abierto es constante, por lo tanto se verifica la Ec. II.2.4:

$$a_s = \frac{\gamma - 1}{4}\left(P_s + Q_s\right) \qquad \text{(II.3.6)}$$

es decir, la suma de las funciones de Riemann

$$P_s + Q_s = \text{cte}.$$

Esto significa que un incremento en P estará acompañado por un decremento en Q de la misma magnitud y viceversa. Lo cual implica que una onda de compresión que llega al extremo abierto se refleja como de expansión y viceversa.

Es de hacer notar que una vez que se alcanza velocidad sónica en la salida, la condición de contorno se transforma en $M_s = 1$ en lugar de $p_s = p_a$.

Cuando la salida es supersónica, todas las características físicas están orientadas corriente abajo. Esto significa que tanto las de la familia *I* como las de la familia *II* alcanzan la sección de salida en el plano físico. Consecuentemente, las condiciones del flujo podrán determinarse instante por instante, independientemente de las condiciones externas.

II.3.4. Método Aproximado para el Análisis del Flujo que Sale por una Tobera Convergente de Longitud Reducida

Por ser la tobera de dimensiones reducidas se la considera como una discontinuidad de la sección transversal. Entonces, puede suponerse que todas las transformaciones que tienen lugar en el fluido vinculadas con el cambio de área ocurren instantáneamente, lo cual implica que en ambos lados de la discontinuidad el fluido se comporta como si se tratase de un movimiento estacionario (Figura II.3.3). Además el flujo es saliente respecto del conducto de diámetro mayor, desemboca en un ambiente de presión constante p_a, es subsónico y evoluciona isoentrópicamente.

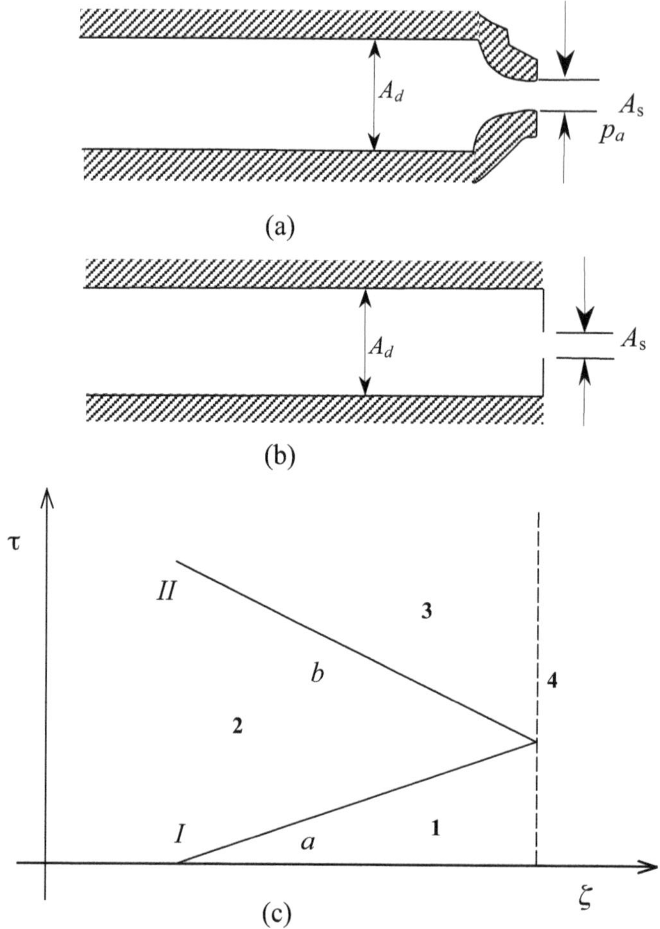

Fig. II.3.3 – Flujo saliente por una tobera de dimensiones reducidas (a); aproximación por una discontinuidad (b); plano físico (c).

Como en el plano físico la onda incidente es de la familia *I*, la reflejada será de la familia *II*. Por lo tanto al pasar de la zona **2** a **3** se mantiene *I* constante, lo cual implica $I_2 = I_3$. Se deduce teniendo en cuenta la Ec. II.2.6a, que:

$$\frac{I_2}{500} - 1 = \frac{a_3}{a_0}\left[1 + \frac{\gamma - 1}{2} M_3\right] \tag{II.3.7}$$

La hipótesis de flujo estacionario entre las zonas **3** y **4**, permite utilizar la ecuación de la energía en su forma estacionaria (ver Capítulo I de Tamagno *et al.*, 2008):

$$\frac{T_3}{T_4}=\frac{\left(1+\frac{\gamma-1}{2}M_4^2\right)}{\left(1+\frac{\gamma-1}{2}M_3^2\right)}$$

La cual resulta:

$$\frac{a_3^2}{a_0^2}\left[1+\frac{\gamma-1}{2}M_3^2\right]=\frac{a_4^2}{a_0^2}\left[1+\frac{\gamma-1}{2}M_4^2\right] \tag{II.3.8}$$

Nótese que la Ec. II.3.8 define una elipse la cual representa todos los estados alcanzables desde **3**.

Obteniendo a_3/a_0 a partir de la Ec. II.3.7 y reemplazando en la Ec. II.3.8 resulta:

$$\left[\frac{\frac{I_2}{500}-1}{1+\frac{\gamma-1}{2}M_3}\right]^2\left[1+\frac{\gamma-1}{2}M_3^2\right]=\frac{a_4^2}{a_0^2}\left[1+\frac{\gamma-1}{2}M_4^2\right] \tag{II.3.9}$$

Por ser la salida subsónica y el movimiento isoentrópico, se puede utilizar la relación:

$$\frac{a_4}{a_0}=\left[\frac{p_4}{p_0}\right]^{\frac{\gamma-1}{2\gamma}}=\left[\frac{p_a}{p_0}\right]^{\frac{\gamma-1}{2\gamma}}$$

mediante la cual la Ec. II.3.9 se puede escribir como:

$$\left[\frac{\frac{I_2}{500}-1}{\left(\frac{p_a}{p_0}\right)^{\frac{\gamma-1}{2\gamma}}}\right]^2\frac{1+\frac{\gamma-1}{2}M_3^2}{\left[1+\frac{\gamma-1}{2}M_3\right]^2}=1+\frac{\gamma-1}{2}M_4^2 \tag{II.3.10}$$

Por continuidad entre los dominios **3** y **4**, la relación de áreas A_d/A_s se puede expresar como (Tamagno *et al.*, 2008):

$$\frac{A_d}{A_s}=\frac{\rho_4 u_4}{\rho_3 u_3}$$

Considerando la relación válida para flujo isoentrópico

$$\frac{\rho_i}{\rho_0} = \left(\frac{a_i}{a_0}\right)^{\frac{2}{\gamma-1}}$$

y la definición de número de Mach, la expresión anterior puede ser escrita como:

$$\frac{A_d}{A_s} = \left(\frac{a_4 a_0}{a_0 a_3}\right)^{\frac{\gamma+1}{\gamma-1}} \frac{M_4}{M_3}$$

y teniendo en cuenta la Ec. II.3.8 se encuentra que:

$$\frac{A_d}{A_s} = \left[\frac{1+\frac{\gamma-1}{2}M_3^2}{1+\frac{\gamma-1}{2}M_4^2}\right]^{\frac{\gamma+1}{2(\gamma-1)}} \frac{M_4}{M_3} \qquad \text{(II.3.11)}$$

Las Ecs. II.3.10 y II.3.11 son ecuaciones en las incógnitas M_3 y M_4. Conocidos M_3 y M_4 pueden obtenerse todos los parámetros del flujo en **3** y en **4**. Estos resultados son aplicables mientras el flujo a la salida permanezca subsónico.

II.3.5. Cambios en la Sección Transversal del Conducto

En ciertos casos, tubos con secciones transversales diferentes pueden unirse por un elemento de transición de dimensiones reducidas. El flujo en dicha transición puede tratarse como cuasi-estacionario y reemplazarse por un cambio discontinuo de la sección transversal.

II.3.5.1. Caso Subsónico

Al llegar una onda característica de la familia *I* a la sección donde se encuentra la discontinuidad de áreas en el conducto, la información que existe dicha discontinuidad viajará corriente arriba transportada por una característica de la familia *II* y además también la perturbación transportada por la característica *I* seguirá su viaje corriente abajo, pero con otra velocidad debido a la existencia de la discontinuidad de áreas. Este esquema de ondas es graficado en la Figura II.3.4 y ha sido verificado mediante mediciones realizadas en dispositivos experimentales.

Con referencia a la Figura II.3.4 se supone que una onda de la familia *I* incide sobre la sección transversal donde se encuentra la discontinuidad. Si son conocidos los datos del flujo en el estado **1** y la relación de áreas, el estado en **2** puede determinarse a partir del estado **1** mediante relaciones isoentrópicas aplicables al caso estacionario y que contemplan el cambio de área.

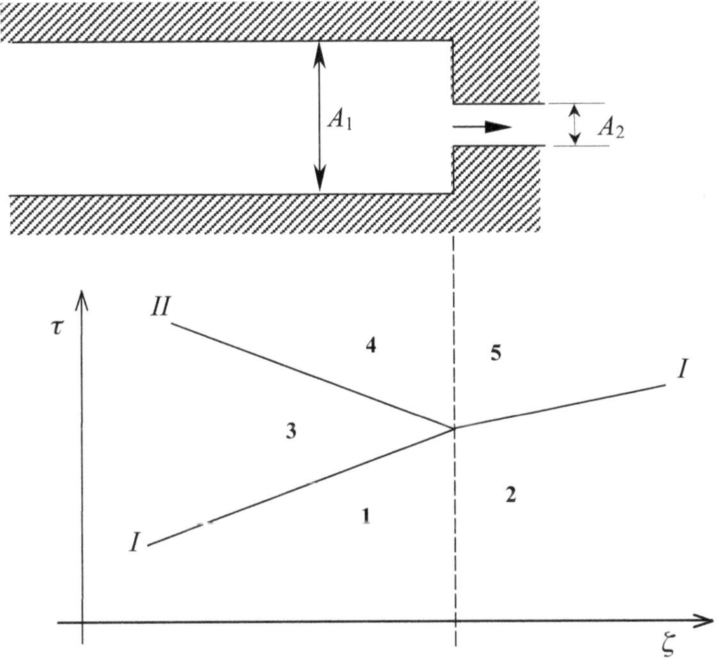

Fig II.3.4 – Plano físico: reflexión y transmisión de una onda incidente sobre una discontinuidad en la sección transversal (caso subsónico).

Los puntos **1'** y **2'** del plano de las funciones correspondientes a las zonas **1** y **2** del plano físico se encontrarán sobre una misma elipse de estados estacionarios. Es decir entre **1** y **2** vale (ver Ec. II.3.8):

$$\left(\frac{a_1}{a_0}\right)^2 + \frac{\gamma-1}{2}\left(\frac{u_1}{a_0}\right)^2 = \left(\frac{a_2}{a_0}\right)^2 + \frac{\gamma-1}{2}\left(\frac{u_2}{a_0}\right)^2 \qquad \text{(II.3.12)}$$

Puesto que la intensidad de la onda incidente es conocida, el punto **3'** puede ser localizado en el plano de las funciones a partir de condiciones dadas en **1**. Evidentemente la onda reflejada será de la familia *II* pero su intensidad, por ahora, no es conocida. Si se sabe que la hipótesis cuasi-estacionaria permite establecer, de manera análoga a entre **1** y **2** que:

$$\left(\frac{a_4}{a_0}\right)^2 + \frac{\gamma-1}{2}\left(\frac{u_4}{a_0}\right)^2 = \left(\frac{a_5}{a_0}\right)^2 + \frac{\gamma-1}{2}\left(\frac{u_5}{a_0}\right)^2 \qquad \text{(II.3.13)}$$

Como al pasar de **3** a **4** se cruza una característica de la familia *II*, se verifica que $I_3 = I_4$. Entonces de la Ec. II.2.6a se deduce que:

$$\frac{I_3}{500} - 1 = \frac{a_4}{a_0} + \frac{\gamma - 1}{2}\frac{u_4}{a_0} \tag{II.3.14}$$

A través de la onda de la familia *I* transmitida corriente abajo de la discontinuidad, se verifica que $II_2 = II_5$ y por lo tanto teniendo en cuenta la Ec. II.2.6b se encuentra que:

$$\frac{II_2}{500} - 1 = \frac{a_5}{a_0} - \frac{\gamma - 1}{2}\frac{u_5}{a_0} \tag{II.3.15}$$

Las incógnitas son a_4, u_4, a_5 y u_5 . Además de las Ecs. II.3.13, II.3.14 y II.3.15, se necesita otra ecuación más que será provista por la ecuación de continuidad, la cual se escribe:

$$\frac{A_1}{A_2} = \left(\frac{a_5}{a_0}\frac{a_0}{a_4}\right)^{\frac{2}{\gamma-1}} \frac{u_5}{a_0}\frac{a_0}{u_4} \tag{II.3.16}$$

Si entre las Ecs. II.3.14, II.3.15, II.3.16 y relaciones isoentrópicas se eliminan las velocidades del sonido a_4 y a_5, resultan finalmente las dos ecuaciones siguientes en términos de M_4 y M_5:

$$\frac{\frac{I_3}{500} - 1}{\frac{II_2}{500} - 1} = \frac{1 + \frac{\gamma - 1}{2}M_4}{1 - \frac{\gamma - 1}{2}M_5}\left(\frac{1 + \frac{\gamma - 1}{2}M_5^2}{1 + \frac{\gamma - 1}{2}M_4^2}\right)^{\frac{1}{2}} \tag{II.3.17}$$

$$\frac{A_1}{A_2} = \left(\frac{1 + \frac{\gamma - 1}{2}M_4^2}{1 + \frac{\gamma - 1}{2}M_5^2}\right)^{\frac{\gamma+1}{2(\gamma-1)}} \frac{M_5}{M_4} \tag{II.3.18}$$

Conocidos M_4 y M_5 pueden determinarse a_4 y a_5 y con ellos calcular todos los parámetros del flujo en las zonas **4** y **5**.

II.3.5.2. Caso Supersónico

Para el caso supersónico la situación es diferente a la del caso anterior, pues, como se ilustra en la Figura II.3.5 la onda reflejada también se propaga hacia la derecha porque en flujo supersónico la pendiente es positiva en características de la familia *II* ($u > a$).

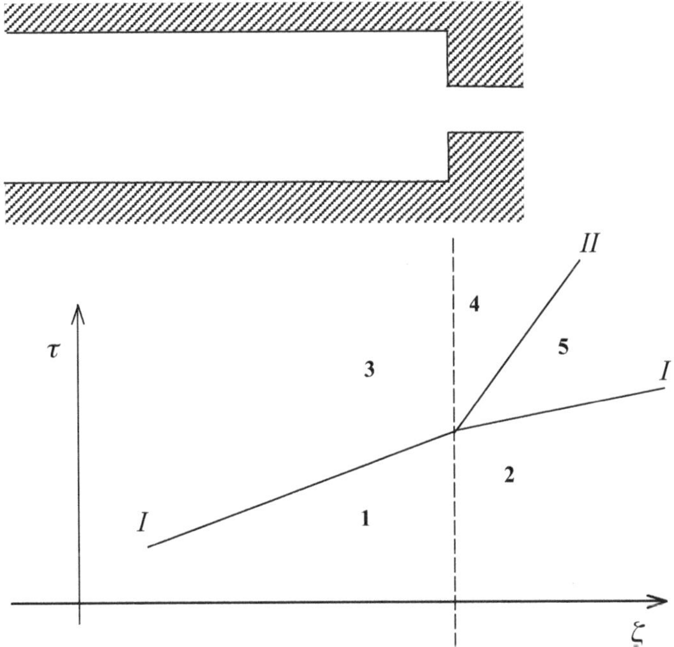

Fig. II.3.5 – Plano físico: onda continua incidente sobre una discontinuidad en la sección transversal (Caso supersónico).

Dado que $II_2 = II_5$, se puede escribir entre las zonas **2** y **5**:

$$\frac{II_2}{500} - 1 = \frac{a_5}{a_0}\left(1 - \frac{\gamma - 1}{2} M_5\right) \tag{II.3.19}$$

Puesto que $I_5 = I_4$ entre **5** y **4** se puede obtener:

$$\frac{I_4}{500} - 1 = \frac{a_5}{a_0}\left(1 + \frac{\gamma - 1}{2} M_5\right) \tag{II.3.20}$$

El estado del fluido en la zona **1** es dato del problema. También lo es la intensidad de la onda de la familia I incidente, con lo cual el estado del fluido en **3** queda determinado a partir de **1**. Los estados en **4** y **2** quedan definidos por la transformaciones isoentrópicas y cuasi-estacionarias que tienen lugar desde **3** y **1**, respectivamente. Por lo tanto los valores de las variables I_4 y II_2 pueden ser calculados. Con ellos y mediante las Ecs. II.3.19 y II.3.20 se determinan a_5 y u_5. Conocidos a_5 y u_5, todos los demás parámetros del flujo en **5** pueden calcularse como así también las intensidades de las ondas transmitidas en el tubo de menor diámetro.

II.4. DISCONTINUIDADES DE CONTACTO

Se estudiará a continuación la transmisión de señales a través de la superficie donde se establece el contacto entre dos fluidos con propiedades diferentes. Postular la existencia de una superficie de contacto es equivalente a suponer que el cambio que experimentan algunos parámetros al pasar de un fluido a otro es tan rápido que puede ser tratado como una discontinuidad. Esto implica, necesariamente, que el flujo a uno y otro lado de la superficie de contacto deberá cumplir con determinadas condiciones de empalme.

Una discontinuidad u onda de contacto es una onda a través de la cual la velocidad y presión del fluido se mantienen constantes. Sin embargo se producen saltos discontinuos en variables termo-mecánicas como la densidad, temperatura, entropía, velocidad del sonido, etc.

II.4.1. Discontinuidad de Temperatura entre Dos Fluidos en Contacto

En muchos problemas de importancia práctica, las ondas inciden sobre la interfase de dos gases que poseen diferentes temperaturas. Dicha interfase, desde el punto de vista de las ondas incidentes se comporta como una discontinuidad. La Figura II.4.1 muestra una onda de la familia I incidente sobre una discontinuidad de temperatura. Dicha discontinuidad, evidentemente, viaja con la velocidad de las partículas y la presión a uno y otro lado es la misma. Entonces se escribe:

$$\frac{u_4}{a_0} = \frac{u_5}{a_0} \qquad \text{(II.4.1)}$$

$$\frac{p_4}{p_1} = \frac{p_5}{p_2} \qquad \text{(II.4.2)}$$

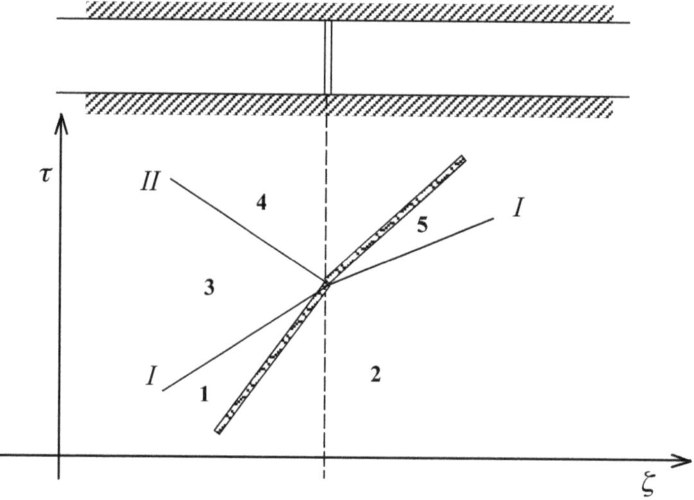

Fig. II.4.1 – Plano físico: interacción de una onda con una discontinuidad de contacto.

Como a ambos lados de la discontinuidad el movimiento es isoentrópico, se deduce de la Ec. II.4.2 que:

$$\left(\frac{a_4}{a_1}\right)^{\frac{2\gamma_1}{\gamma_1-1}}=\left(\frac{a_5}{a_2}\right)^{\frac{2\gamma_2}{\gamma_2-1}} \tag{II.4.3}$$

Puesto que $I_3 = I_4$, se deduce que entre las zonas **3** y **4** vale la relación:

$$\frac{I_3}{500}-1=\frac{a_4}{a_0}+\frac{\gamma_1-1}{2}\frac{u_4}{u_0} \tag{II.4.4}$$

Asimismo entre **5** y **2** por ser $II_2 = II_5$ se cumple que:

$$\frac{II_2}{500}-1=\frac{a_5}{a_0}-\frac{\gamma_2-1}{2}\frac{u_5}{u_0} \tag{II.4.5}$$

Los estados del flujo en **1** y **2** son datos del problema. También es dato la intensidad de la onda incidente I, con lo cual las condiciones en **3** están definidas. Las incógnitas son las propiedades del fluido en las zonas **4** y **5** a uno y otro lado de la discontinuidad. Las Ecs. II.4.1, II.4.3, II.4.4 y II.4.5 constituyen el sistema de cuatro ecuaciones para determinar las incógnitas a_4, u_4, a_5 y u_5. Conocidos estos valores pueden calcularse todos los demás parámetros y por consiguiente las intensidades de las ondas transmitida y reflejada a través de la superficie de contacto.

Para el caso particular en que $\gamma_1 = \gamma_2 = \gamma$, se verifica que:

$$\frac{a_4}{a_1}=\frac{a_5}{a_2} \tag{II.4.6}$$

Como $u_4 = u_5$, con las Ecs. II.4.4 y II.4.5 se deduce que:

$$\left(\frac{I_3}{500}-1\right)-\frac{a_4}{a_0}=\frac{a_5}{a_0}-\left(\frac{II_2}{500}-1\right) \tag{II.4.7}$$

y luego de utilizar la Ec. II.4.6 resulta:

$$\frac{I_3+II_2-1000}{500\left(1+\dfrac{a_1}{a_2}\right)}=\frac{a_5}{a_0} \tag{II.4.8}$$

con lo cual el problema de determinar las condiciones del flujo en las zonas **4** y **5** queda resuelto.

II.5. LA FORMACIÓN DE ONDAS DE CHOQUE

La forma de la onda en un instante dado está definida por la función representativa de alguna propiedad del fluido (por lo general la presión p o la velocidad u) en términos de la distancia x. Con ondas simples las propiedades del fluido son constantes sobre cada característica física (por medio de la constancia del invariante de Riemann correspondiente). En la Figura II.5.1 se muestran cómo las características de una onda simple de compresión convergen y los gradientes de presión a medida que la onda progresa son cada vez más pronunciados. Cuando en el plano (x, t) las características se interceptan, se origina una discontinuidad. En este caso se produce la intersección de dos ondas que transportan valores de I diferentes y por lo tanto la discontinuidad es en el valor de la función de Riemann P. Si el diagrama de ondas se continúa a cada par de valores de (x, t) le corresponde más de un valor de P, lo cual físicamente carece de sentido. Esta dificultad se resuelve postulando la aparición de una onda de choque como envolvente de las características. Como la discontinuidad se produce por la intersección de ondas que transportan diferentes valores de P, se dice que se forma una onda de choque tipo P.

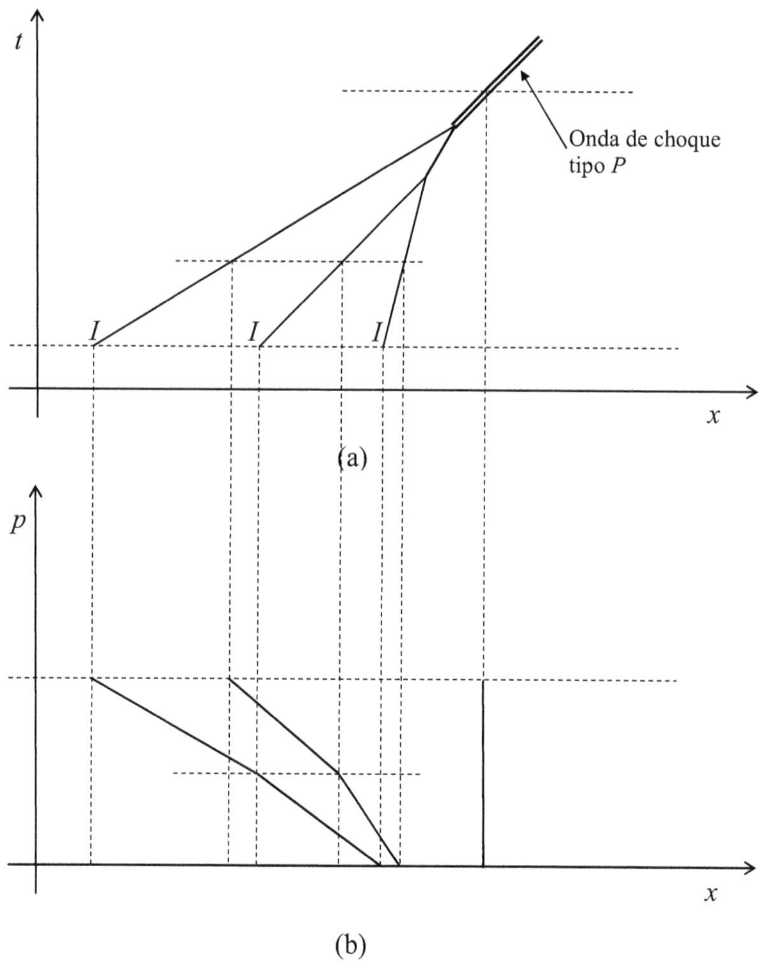

Fig. II.5.1 - Formación de la onda de choque: plano físico (a); plano (x, p) (b).

Cambios en la forma de la onda progresiva como el que se describe aquí se observan en las olas del mar próximas a la playa. En estos casos, el frente de onda no sólo se vuelve vertical sino que se destruye formando lo que se denomina el *surf*. Una explicación cualitativa del cambio de la forma de onda puede darse con la ayuda del concepto de pulso de presión. Refiriéndose a la Figura II.5.2, supóngase que el movimiento se produce por un pistón que se desplaza a la derecha y da origen a pulsos de presión cada vez que se incrementa su velocidad. Ahora bien, cada pulso viaja con la velocidad del sonido local relativa al fluido en el cual se propaga. Pero el fluido al ser comprimido por el pistón incrementa su temperatura y además aumenta su velocidad, lo cual hace que los pulsos de presión viajen cada vez más rápido y los pulsos producidos recientemente se aproximan a los producidos anteriormente. De allí entonces que la onda se haga cada vez menos empinada al incrementar su velocidad.

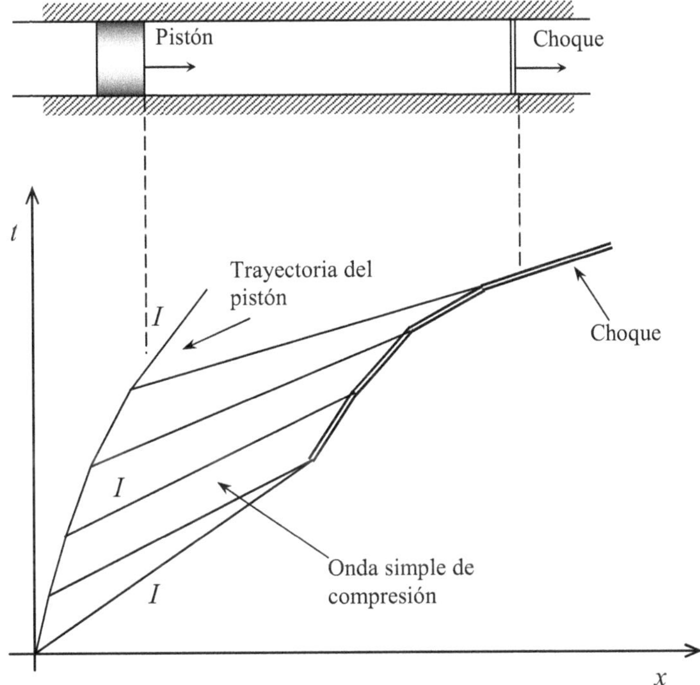

Fig. II.5.2 – Plano físico: generación de ondas de compresión.

II.6. ONDAS DE CHOQUE INESTACIONARIAS

Cuando el frente de onda en el plano físico (x, t) se vuelve vertical, los gradientes longitudinales de velocidad y temperatura son prácticamente infinitos. En un fluido real, la discontinuidad que implica la onda vertical nunca se materializa debido a efectos disipativos de la viscosidad y conducción de calor. Se forma así, una zona donde las propiedades del fluido cambian rápidamente y cuyo espesor es del orden del camino libre medio de las moléculas. Comparable con una dimensión típica del sistema donde ocurre el proceso, dicha zona es tan delgada que desde un punto de vista práctico constituye una línea de discontinuidad en los parámetros físicos y se la denomina onda de choque.

En los cálculos es suficiente considerar únicamente las condiciones del flujo adelante y detrás de la discontinuidad con oportunas condiciones de empalme. Así, aunque la acción de la viscosidad y la conductividad térmica son significativas en el interior de la onda (tanto que determinan el paso de las condiciones iniciales a las finales), puede analizarse como si se tratase de un fluido ideal.

A continuación se estudiarán ondas de choques unidimensionales inestacionarias. Se discutirán las relaciones que gobiernan los choques móviles y se establecerán las simplificaciones que resulten de suponer choques débiles o muy fuertes. Se investigará la reflexión de las ondas desde extremos cerrados y abiertos en un conducto como así también la interacción entre ondas de choque y ondas continuas. También se analizará el pasaje de ondas de choque por discontinuidades en la sección transversal de un conducto.

II.6.1. Análisis de Choques Móviles

Sea un conducto dentro del cual se han generado ondas de choque móviles. Entre las mismas, pueden considerarse dos familias: a) ondas del tipo P que viajan hacia la derecha y b) ondas del tipo Q que viajan hacia la izquierda. Indíquese con el subíndice 1 las condiciones del fluido hacia el cual avanza la onda de choque y con el subíndice 2 las condiciones del fluido sobre el cual ya ha pasado la onda. Para el caso a) el subíndice 1 es aplicable al gas que se encuentra a la derecha de la onda y para el caso b) lo es para el gas que se encuentra a la izquierda del choque.

En la Figura II.6.1 se muestra una onda que se desplaza hacia la derecha. De acuerdo con la convención adoptada, al gas que se encuentra delante del choque y que todavía no ha sido procesado, se le asigna el subíndice 1. Al gas que está detrás y que ya ha sido procesado por el choque se le asigna el subíndice 2. Sean u_1 y u_2 las velocidades del gas y U_s la velocidad de la onda en coordenadas fijas en el laboratorio. Si se designa con W la velocidad de la onda relativa a la del gas en **1**, entonces:

$$U_s = u_1 + W$$

Imagínese ahora, un observador moviéndose con la onda de choque. Esto es equivalente a añadir la velocidad $-(u_1 + W)$ a todas las velocidades de la Figura II.6.1(a). Se obtiene entonces, la configuración de la Figura II.6.1(b) donde la onda es estacionaria y las velocidades a uno y otro lado de la misma son W y $(W + u_1 - u_2)$.

En la Figura II.6.2 se ilustra la transformación de coordenadas para una onda que viaja hacia la izquierda. Desígnese ahora con $(-W)$ la velocidad de la onda relativa a la del gas en el estado **1** (W es siempre un numero positivo). Con respecto a un sistema de coordenadas externo, la velocidad del choque es $(u_1 - W)$, por lo tanto, al añadir la velocidad $-(u_1 - W)$ a todas las velocidades de la Figura II.6.2(a) se obtiene la configuración que muestra la Figura II.6.2(b) donde la onda permanece estacionaria. Por lo tanto para un observador que se mueve con el sistema de coordenadas fijo en la onda las velocidades a uno y otro lado son W y $(W - u_1 + u_2)$.

Las propiedades termodinámicas del gas, tales como la presión, temperatura y densidad son invariantes con las transformaciones de coordenadas por ser estas transformaciones cinemáticas), por lo tanto sus valores en las zonas **1** y **2** serán los mismos antes y después de la transformación de coordenadas que inmoviliza la onda de choque.

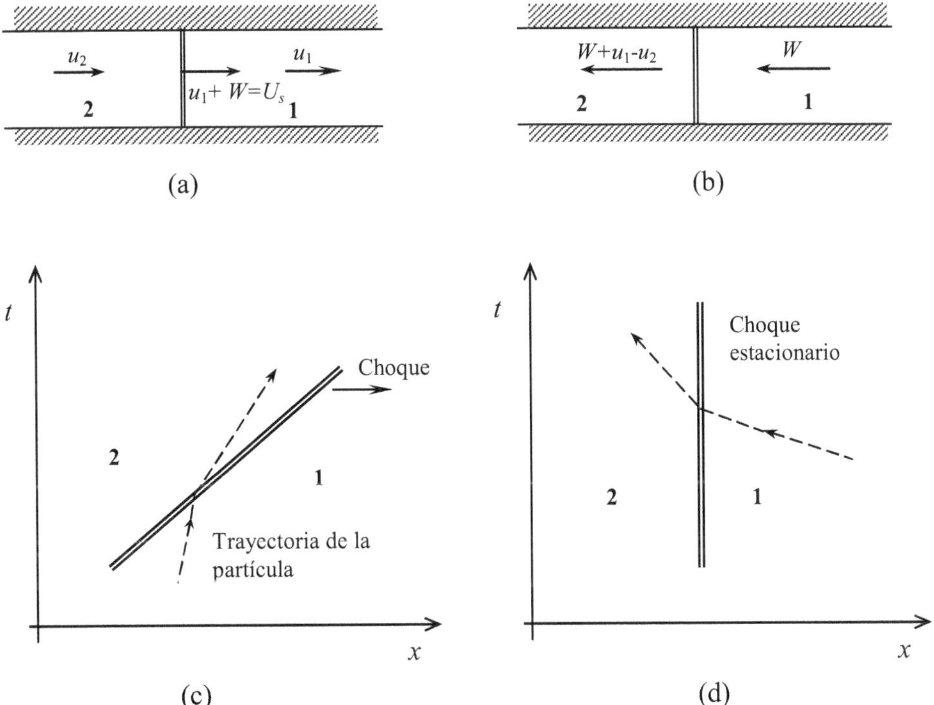

Fig. II.6.1 - Onda de choque que viaja hacia la derecha: choque móvil en el sistema de coordenadas fijo (a); choque estacionario en coordenadas móviles (b); respectivos planos físicos (c) y (d).

Si en el caso del choque estacionario se representan con V_1 y V_2 las velocidades del gas a uno y otro lado, se tiene:

$$V_1 = W \tag{II.6.1}$$

$$V_2 = W \pm (u_1 - u_2) \tag{II.6.2}$$

donde el signo + se aplica a la onda que viaja hacia la derecha.

Pueden introducirse ahora, números de Mach asociados con V_1 y V_2 los cuales pueden expresarse mediante las relaciones siguientes:

$$M_1 = \frac{V_1}{a_1} = \frac{W}{a_1} \tag{II.6.3}$$

$$M_2 = \frac{V_2}{a_2} = \frac{W \pm (u_1 - u_2)}{a_2} \tag{II.6.4}$$

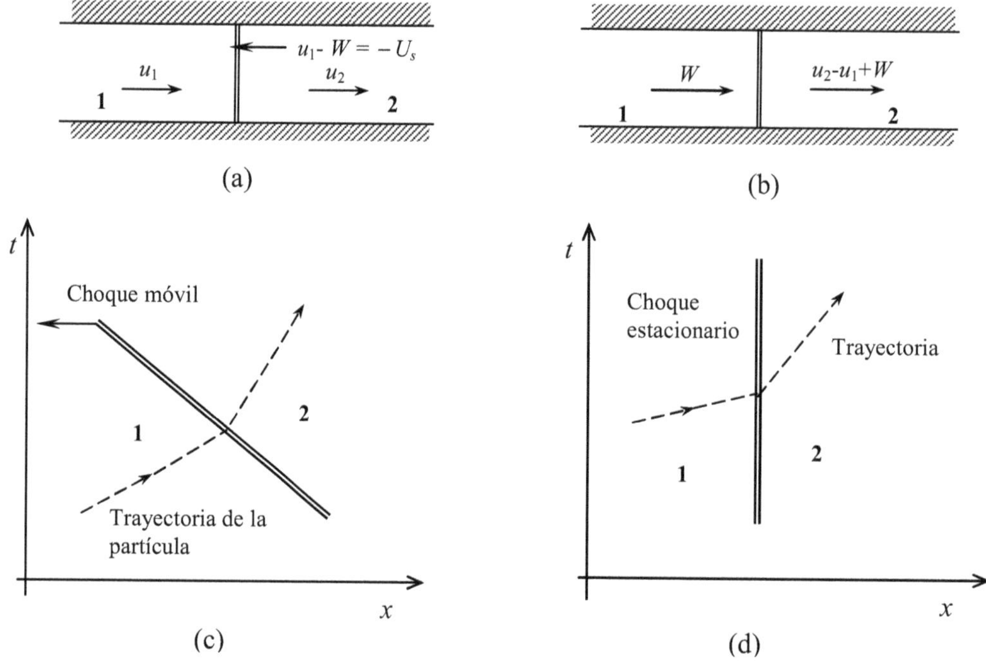

Fig. II.6.2 - Onda de choque que viaja hacia la izquierda: choque móvil en el sistema de coordenadas fijo (a); choque estacionario en coordenadas móviles (b); respectivos planos físicos (c) y (d).

Por consiguiente, en los cálculos numéricos que se efectúen con choques móviles unidimensionales pueden utilizarse las fórmulas y tablas que en función del Mach M_1 fueron derivadas para choques normales estacionarios (Tamagno *et al.*, 2008).

II.6.2. Expresiones Explícitas Aplicables a los Choques Móviles

Puede resultar conveniente disponer de algunas fórmulas de aplicación directa a los choques móviles, particularmente cuando se emplean procedimientos gráfico-numéricos en la solución de los problemas. En términos de la notación utilizada en las Figuras II.6.1 y II.6.2, y además teniendo en cuenta las Ecs. II.6.1 y II.6.2, las ecuaciones de conservación se pueden expresar como:

Continuidad:

$$\rho_1 W = \rho_2 \left[W \pm (u_1 - u_2) \right] \tag{II.6.5}$$

Cantidad de movimiento:

$$p_1 + \rho_1 W^2 = p_2 + \rho_2 \left[W \pm (u_1 - u_2)\right]^2 \tag{II.6.6}$$

Energía:

$$h_1 + \frac{W^2}{2} = h_2 + \frac{1}{2}\left[W \pm (u_1 - u_2)\right]^2 \tag{II.6.7}$$

Además por tratarse de un gas perfecto:

$$h_2 - h_1 = c_p (T_2 - T_1) \tag{II.6.8}$$

$$a^2 = \gamma \Re T \tag{II.6.9}$$

$$p = \rho \Re T \tag{II.6.10}$$

$$c_p - c_v = \Re \tag{II.6.11a}$$

$$\gamma = \frac{c_p}{c_v} \tag{II.6.11b}$$

Si se expresa la diferencia entre entalpías estáticas dada en Ec. II.6.8 en términos de la diferencia entre velocidades del sonido usando la Ec. II.6.9 se tiene que:

$$h_2 - h_1 = \frac{1}{\gamma - 1}\left(a_2^2 - a_1^2\right) \tag{II.6.12}$$

donde se ha usado la relación $c_p = \gamma\Re/(\gamma-1)$ válida para gases perfectos (Tamagno *et al.*, 2008). Si la relación II.6.12 se introduce en la ecuación de la energía, se puede obtener:

$$a_2^2 - a_1^2 = -\frac{\gamma - 1}{2}(u_1 - u_2)\left[(u_1 - u_2) \pm 2W\right] \tag{II.6.13}$$

Entre las ecuaciones de continuidad, cantidad de movimiento y de estado, juntamente con propiedades de exclusiva validez para un gas perfecto, puede obtenerse una única ecuación donde no aparezcan explícitamente ni la densidad ni la presión. Resulta así:

$$a_1^2 - \frac{W}{W \pm (u_1 - u_2)} a_2^2 = \pm \gamma W (u_1 - u_2) \tag{II.6.14}$$

Obteniendo a_2 de esta última ecuación y reemplazando en la Ec. II.6.13 se puede deducir una expresión para el cambio de velocidades a través del choque de la forma:

$$\frac{u_2-u_1}{a_1}=\pm\frac{2}{\gamma+1}\left(\frac{W}{a_1}-\frac{a_1}{W}\right)=\pm\frac{2}{\gamma+1}\left(M_1-\frac{1}{M_1}\right) \qquad \text{(II.6.15)}$$

El signo + corresponde a ondas que viajan hacia la derecha y el signo – a ondas que lo hacen hacia la izquierda.

Si se sustituye este valor de $(u_2 - u_1)$ en la Ec. II.6.13 se puede conseguir:

$$\left(\frac{a_2}{a_1}\right)^2=1+\frac{2(\gamma-1)}{(\gamma+1)^2}\left[\gamma\left(\frac{W}{a_1}\right)^2-\left(\frac{a_1}{W}\right)^2-(\gamma-1)\right]$$

$$\left(\frac{a_2}{a_1}\right)^2=1+\frac{2(\gamma-1)}{(\gamma+1)^2}\left[\gamma M_1^2-\frac{1}{M_1^2}-(\gamma-1)\right] \qquad \text{(II.6.16)}$$

Por otra parte, a partir de la Ec. II.6.5 se puede obtener:

$$\frac{\rho_2}{\rho_1}=\frac{1}{1-\frac{2}{\gamma+1}\left[1-\left(\frac{a_1}{W}\right)^2\right]}=\frac{1}{1-\frac{2}{\gamma+1}\left[1-\frac{1}{M_1^2}\right]} \qquad \text{(II.6.17)}$$

Finalmente, utilizando la Ec. II.6.15 en la ecuación de cantidad de movimiento Ec. II.6.6 se puede derivar la siguiente expresión para la relación de presiones:

$$\frac{p_2}{p_1}=1+\frac{2\gamma}{\gamma+1}\left[\left(\frac{W}{a_1}\right)^2-1\right]=1+\frac{2\gamma}{\gamma+1}\left(M_1^2-1\right) \qquad \text{(II.6.18)}$$

Nótese que las Ecs. II.6.16, II.6.17 y II.6.18 son las mismas del choque normal estacionario. Además, de conformidad con el requerimiento impuesto por la entropía, estas ecuaciones tienen sentido físico solamente cuando $M_1 \geq 1$, lo cual exige que la velocidad W relativa a la onda de choque, del gas a ser perturbado por la onda, sea supersónica.

II.6.3. Ondas de Choque Fuertes

Cuando:

$$\left(\frac{W}{a_1}\right)^2 >> 1 \qquad \text{o} \qquad M_1^2 >> 1$$

resulta evidente de la Ec. II.6.18 que $p_2/p_1 >> 1$, por lo tanto, la onda de choque es de gran intensidad y pueden efectuarse simplificaciones en la expresiones deducidas en la sección anterior. Se pueden obtener las siguientes fórmulas simplificadas:

$$\frac{u_2 - u_1}{a_1} \cong \pm \frac{2}{\gamma+1} \frac{W}{a_1} = \pm \frac{2}{\gamma+1} M_1 \tag{II.6.19}$$

$$\left(\frac{a_2}{a_1}\right)^2 \cong \frac{2\gamma(\gamma-1)}{(\gamma+1)^2} \left(\frac{W}{a_1}\right)^2 = \frac{2\gamma(\gamma-1)}{(\gamma+1)^2} M_1^2 \tag{II.6.20}$$

$$\frac{\rho_2}{\rho_1} \cong \frac{\gamma+1}{\gamma-1} \tag{II.6.21}$$

$$\frac{p_2}{p_1} \cong \frac{2\gamma}{\gamma+1} \left(\frac{W}{a_1}\right)^2 = \frac{2\gamma}{\gamma+1} M_1^2 \tag{II.6.22}$$

Como ejemplo práctico considérese una onda explosiva que avanza en el aire en reposo y a temperatura ambiente. Su intensidad es tal que la relación de presiones a través de dicha onda es aproximadamente igual a 100. Utilizando las ecuaciones para un choque fuerte, se deduce de inmediato que la velocidad de la onda W y la velocidad del gas detrás de ella u_2 serán del orden de diez veces la velocidad del sonido en el aire antes de ser perturbado por el paso de la onda de choque.

II.6.4. Ondas de Choque Débiles

El criterio para que un choque pueda ser considerado débil es que M_1 sea próximo a la unidad, esto es, que $(M_1 - 1) = \varepsilon$, siendo ε una cantidad pequeña. Con esta hipótesis, la Ec. II.6.15 se reduce a:

$$\frac{u_2 - u_1}{a_1} = \pm \frac{2}{\gamma+1} \left[(1+\varepsilon) - \frac{1}{1+\varepsilon} \right] \cong \pm \frac{4}{\gamma+1} \varepsilon \cong \pm \frac{4}{\gamma+1} (M_1 - 1) \tag{II.6.23}$$

donde se ha utilizado una expansión en serie de Taylor.

Análogamente se encuentra que:

$$\left(\frac{a_2}{a_1}\right)^2 \cong 1 + \frac{4(\gamma-1)}{\gamma+1} \varepsilon = 1 + 4\frac{\gamma-1}{\gamma+1} (M_1 - 1) \tag{II.6.24}$$

$$\frac{\rho_2}{\rho_1} \cong 1 + \frac{4}{\gamma+1} \varepsilon = 1 + \frac{4}{\gamma+1} (M_1 - 1) \tag{II.6.25}$$

$$\frac{p_2}{p_1} \cong 1 + \frac{4\gamma}{\gamma+1} \varepsilon = 1 + \frac{4\gamma}{\gamma+1} (M_1 - 1) \tag{II.6.26}$$

Si se hace:

$$\frac{a_2}{a_1} = \frac{a_1 + \Delta a}{a_1} = 1 + \frac{\Delta a}{a_1}; \quad \text{etc.}$$

se puede escribir:

$$\frac{\Delta u}{a_1} \cong \pm \frac{4}{\gamma+1}\varepsilon = \pm \frac{4}{\gamma+1}(M_1 - 1) \qquad \text{(II.6.27)}$$

$$\frac{\Delta a}{a_1} \cong \frac{2(\gamma-1)}{\gamma+1}\varepsilon = \frac{2(\gamma-1)}{\gamma+1}(M_1 - 1) \qquad \text{(II.6.28)}$$

$$\frac{\Delta p}{p} \cong \frac{4\gamma}{\gamma+1}\varepsilon = \frac{4\gamma}{\gamma+1}(M_1 - 1) \qquad \text{(II.6.29)}$$

$$\frac{\Delta \rho}{\rho} \cong \frac{4}{\gamma+1}\varepsilon = \frac{4}{\gamma+1}(M_1 - 1) \qquad \text{(II.6.30)}$$

De las Ecs. II.6.27 y II.6.28 se encuentra que:

$$\frac{\Delta a}{\Delta u} = \pm \frac{\gamma - 1}{2}$$

$$\Delta\left(\frac{2}{\gamma-1} a \pm u\right) = 0$$

o sea:

$$\Delta Q = \Delta P = 0$$

luego de utilizar las funciones de Riemann P y Q definidas por las Ecs. II.2.1 y II.2.2. Por comparación con el análisis desarrollado en la Sección II.2.1 se concluye que las ondas de choques débiles se comportan como ondas de compresión isoentrópicas.

II.6.5. Polar de Choque Generalizada $[(u_2-u_1)/a_1,\ a_2/a_1]$

Es conveniente representar los parámetros del flujo a uno y otro lado de la onda de choque mediante un diagrama del plano $[(u_2-u_1)/a_1,\ a_2/a_1]$. Dicho diagrama se denomina polar de choque generalizada y está definido por las Ecs. II.6.15 y II.6.16. El Mach M_1 relativo a la onda de choque, del flujo que está delante de ella se convierte en parámetro de la polar, la cual se muestra esquemáticamente en la Figura II.6.3.

La intersección de las dos ramas de la curva representa las condiciones antes del choque definidas por u_1 y a_1. La rama de la derecha representa todos los estados (en términos de u_2 y a_2) que pueden alcanzarse desde el estado **1** a través de un choque que viaja hacia la derecha. Similarmente la rama de la izquierda representa estados que pueden alcanzarse desde el estado **1** a través de un choque que viaja hacia la izquierda.

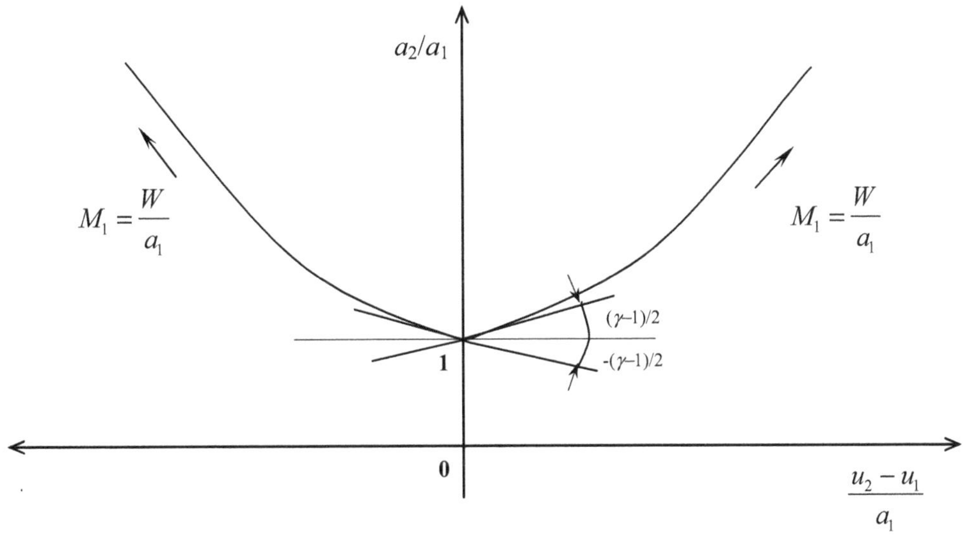

Fig. II.6.3 - Polar de choque generalizada $[(u_2\text{-}u_1)/a_1,\ a_2/a_1]$.

La polar generalizada que se muestra en la Figura II.6.3 puede utilizarse para estudiar las propiedades de todos los flujos en que aparecen ondas de choques. Es de interés encontrar el valor de la pendiente de las curvas en su punto de intersección, esto es para $M_1 = 1$. Diferenciando las Ec. II.6.15 y II.6.16 con respecto a M_1 se obtiene:

$$\left[\frac{\dfrac{d\left(\dfrac{a_2}{a_1}\right)}{dM_1}}{\dfrac{d\left(\dfrac{u_2-u_1}{a_1}\right)}{dM_1}}\right]_{M_1\to 1} = \pm\frac{\gamma-1}{2}$$

lo cual demuestra que para choques débiles ($M_1 \to 1$) la polar de choque tiene la misma pendiente que las funciones de Riemann P y Q en una compresión isoentrópica. Además, si se diferencia otra vez resulta:

$$\left(\frac{d^2 a_2}{du_2^2}\right)_{M_1=1} = 0$$

lo cual permite concluir que la polar de choque coincide con las características isoentrópicas hasta términos de segundo orden en $(u_2 - u_1)$.

Si el choque es muy fuerte, $M_1 \to \infty$, se encuentra que:

$$\left[\frac{d\left(\frac{a_2}{a_1}\right)}{d\left(\frac{u_2-u_1}{a_1}\right)}\right]_{M_1\to\infty}=\pm\sqrt{\frac{\gamma(\gamma-1)}{2}}$$

Por lo tanto, la polar de choque generalizada es asintótica a líneas con pendientes $\pm\sqrt{\frac{\gamma(\gamma-1)}{2}}$.

II.6.6. Polar de Choque Generalizada $[(u_2\text{-}u_1)/a_1, p_2/p_1]$

En ciertos casos, por ejemplo cuando se produce la interacción entre una discontinuidad de contacto y una onda de choque, es conveniente utilizar la polar de choque en el plano $[(u_2\text{-}u_1)/a_1, p_2/p_1]$ en lugar de la polar $[(u_2\text{-}u_1)/a_1, a_2/a_1]$ antes descripta. Esto se debe a que a ambos lados de una discontinuidad de contacto, las presiones y las velocidades son iguales. Esta polar generalizada se presenta en forma esquemática en la Figura II.6.4 y está definida por las Ecs. II.6.15 y II.6.18.

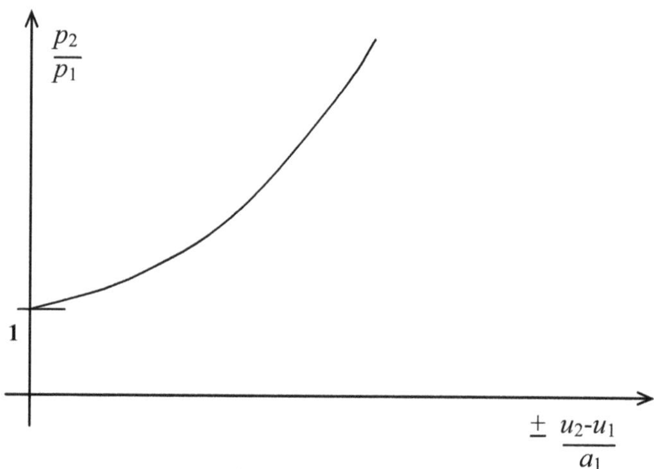

Fig. II.6.4 - Polar de choque generalizada $[(u_2\text{-}u_1)/a_1, p_2/p_1]$.

Las polares de choque $[(u_2\text{-}u_1)/a_1, p_2/p_1]$ correspondientes a valores específicos de u_1 y p_1 pueden generarse de manera similar a la descrita para las polares de choque $[(u_2\text{-}u_1)/a_1, a_2/a_1]$. Además de las polares estudiadas, es posible utilizar otras dos polares: a en función de u y p en función de u.

II.6.7. Reflexión de la Onda de Choque desde un Extremo Cerrado

Refiriéndose a la Figura II.6.5(a), supóngase que una onda que viaja hacia la derecha incide sobre el extremo cerrado de un conducto. Cuando la onda de choque a llega al extremo cerrado, se reflejará un choque b para preservar la condición de velocidad nula en el gas adyacente a la pared. Suponiendo que la intensidad del choque a es conocida, esto es, dados p_1 y a_1, se conocen las variables de estado p_2, a_2 y la velocidad u_2 de la zona **2**. El problema consiste en determinar las condiciones del flujo en la zona **3**. El procedimiento gráfico utilizando polares de choque (u, a), requiere primeramente, dibujar la polar que conecta los estados **1'** y **2'** [Figura II.6.5(b)]. Luego la polar que arranca desde el punto **2'** representa el choque b. Donde esta polar intercepta al eje vertical (u = 0) se ubica el punto **3'** correspondiente al estado de la zona **3** del plano físico. También podría haberse utilizado la polar de choque (u, p) obteniéndose en este caso la presión en la zona **3** [Figura II.6.5(c)]. Los esquemas gráficos servirán de guía al procedimiento numérico que se detalla a continuación. Los datos iniciales de la zona **1**, incluyendo la velocidad del choque incidente a son:

$$u_1 = 0; \qquad a_1 = 300\,\text{m/s}$$

$$U_a = W_a = 600\,\text{m/s}; \qquad p_1 = 1\,\text{atm}; \qquad M_{1a} = 2{,}0$$

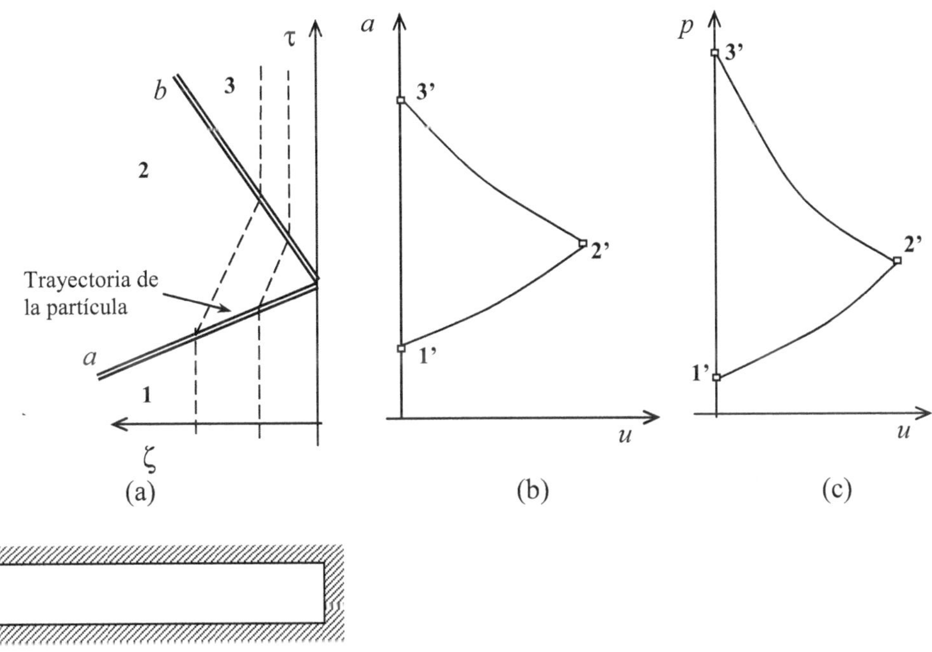

Fig. II.6.5 - Reflexión de la onda de choque desde un extremo cerrado: plano físico (a); polar de choque (u, a) (b); polar de choque (u, p) (c).

De las Ecs. II.6.15, II.6.16 y II.6.18 se encuentra que:

$$\frac{u_2}{a_1} = +\frac{2}{\gamma+1}\left(M_{1a} - \frac{1}{M_{1a}}\right) = \frac{2}{2{,}4}\left(2 - \frac{1}{2}\right) = 1{,}250$$

$$\frac{a_2}{a_1}=\left\{1+\frac{2(\gamma-1)}{(\gamma+1)^2}\left[\gamma M_{1a}^2-\frac{1}{M_{1a}^2}-(\gamma-1)\right]\right\}^{\frac{1}{2}}=1{,}299$$

$$\frac{p_2}{p_1}=1+\frac{2\gamma}{\gamma+1}\left(M_{1a}^2-1\right)=4{,}50$$

Resolviendo:

$$a_2=1{,}229\cdot 300=368{,}7\,\mathrm{m/s}$$

$$u_2=1{,}250\cdot 300=375\,\mathrm{m/s}$$

$$p_2=4{,}50\,\mathrm{atm}$$

siendo éstos los valores de la velocidad del sonido, de las partículas y de la presión del gas en la zona **2**, es decir luego del pasaje de la onda de choque incidente.

Ahora se considera la onda de choque reflejada. Por tratarse de una onda de choque que viaja hacia la izquierda debe utilizarse el signo negativo en la Ec. II.6.15. Además:

$$\frac{u_3-u_2}{a_2}=-\frac{2}{\gamma+1}\left(M_{2b}-\frac{1}{M_{2b}}\right)\qquad\rightarrow\qquad u_3=0$$

$$M_{2b}^2-1{,}22M_{2b}-1=0$$

siendo una ecuación algebraica de segundo grado que permite determinar M_{2b}.

$$M_{2b}=\frac{W_b}{a_2}=1{,}78\qquad\rightarrow\qquad W_b=1{,}78\cdot 368{,}7=656{,}286\ \mathrm{m/s}$$

La velocidad absoluta con la cual se desplaza hacia la izquierda la onda de choque *b* es:

$$U_b=u_2-W_b=-281{,}286\,\mathrm{m/s}$$

es decir, la velocidad de la onda de choque reflejada es sustancialmente inferior a la incidente.

En cuanto a las propiedades del flujo en la zona **3** se obtiene:

$$\frac{p_3}{p_2}=1+\frac{2{,}8}{2{,}4}\left(1{,}78^2-1\right)=3{,}53\qquad\rightarrow\qquad p_3=15{,}885$$

$$\frac{a_3}{a_2} = \left[1 + \frac{0,8}{2,4^2}\left(1,4 \cdot 1,78^2 - \frac{1}{1,78} - 0,4\right)\right]^{\frac{1}{2}} = 1,218 \qquad \rightarrow \qquad a_3 = 449,077 \text{ m/s}$$

$$\frac{p_3}{p_1} = 15,885$$

$$\frac{a_3}{a_1} = 1,497$$

Se constata que:

$$\frac{p_3 - p_2}{p_2 - p_1} = 2,53$$

es decir, el incremento de presión a través de la onda reflejada es mayor que el que se produce por la onda incidente.

Se puede demostrar que si el choque incidente es muy fuerte $p_2/p_1 \rightarrow \infty$, el valor límite de p_3/p_2 estará dado por:

$$\left[\frac{p_3}{p_2}\right]_{max} = \frac{3\gamma - 1}{\gamma - 1}$$

La relación entre el incremento de presión a través del choque reflejado y el incremento de presión a través del choque incidente resulta ahora:

$$\frac{p_3 - p_2}{p_2 - p_1} = \frac{2\gamma}{\gamma - 1} \quad (= 7 \quad \text{para } \gamma = 1,4)$$

de donde se deduce que para sistemas de ondas de choque fuertes, el incremento de presión que se produce por la reflexión del choque es sustancialmente superior al que se produce por el choque incidente. Para choques débiles, $p_2/p_1 \rightarrow 1$, se deduce que:

$$\frac{p_3 \quad p_2}{p_2 - p_1} = 1$$

lo cual muestra que para ondas de choques débiles, la onda reflejada y la incidente producen el mismo incremento de presión. Esta es la aproximación acústica.

II.6.8. Reflexión de la Onda de Choque desde un Ambiente de Presión Constante

En la Figura II.6.6(a) se muestra una onda de choque *a* que viaja hacia la derecha e incide sobre el extremo de un conducto de sección constante que se comunica con un ambiente donde la presión también lo es. Suponiendo que el estado antes del choque y la intensidad de éste son conocidos, entonces los puntos **1'** y **2'** pueden localizarse en el diagrama (u, p) [Figura II.6.6(b)]. Cuando la onda de choque incidente a arriba al extremo abierto, simultáneamente debe producirse una onda de expansión b. Esta expansión isoentrópica y centrada, es necesaria para satisfacer la condición de presión constante en el extremo abierto y cancelar la sobrepresión producida por la onda incidente a. Se destaca que el diagrama de ondas descripto en la Figura II.6.6 es válido solamente cuando el flujo en el estado **2** es subsónico. Si el flujo en el estado **2** es supersónico, ninguna señal viaja hacia dentro del conducto desde el extremo de salida del mismo.

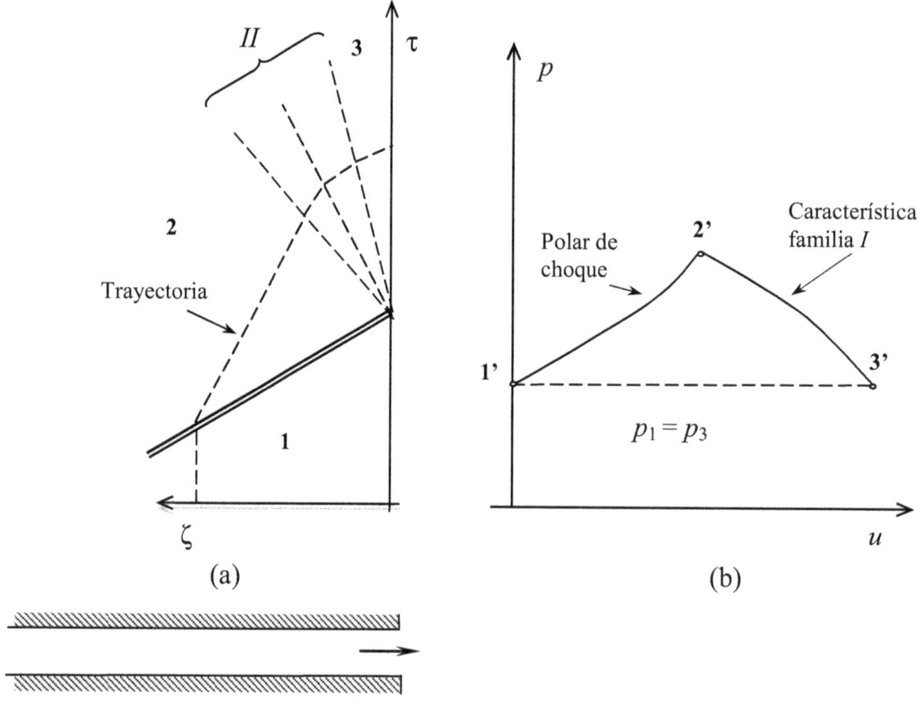

Fig. II.6.6 - Reflexión de la onda de choque desde un ambiente de presión constante con flujo subsónico: plano físico (a); polar de choque (u, p) (b).

El pasaje del estado **2'** al **3'** se hace a través de una única característica de la familia opuesta a las del plano físico y como $p_1 = p_3$ el punto **3'** puede localizarse de inmediato en el plano (u, p). De esta forma pueden calcularse todas las propiedades de la onda reflejada.

II.6.9. Reflexión de la Onda de Choque desde una Pared Móvil

Tal como lo muestra la Figura II.6.7(a), la onda de choque a incide sobre un pistón móvil. Cuando el choque encuentra al pistón, éste puede cambiar la velocidad de su trayectoria, ya sea por efecto de la onda misma o porque su movimiento es controlado para que así ocurra. Supóngase que el movimiento del pistón, el estado del gas en la zona **1**, y la intensidad del choque a son datos. Por lo tanto el punto **2'** puede ubicarse en el plano (u, a)

sobre la polar de choque que pasa por el punto **1'** y corresponde a un choque que viaja hacia la derecha [Figura II.6.7(b)]. La intensidad de la onda reflejada desde la superficie del pistón se determina por la condición de que la velocidad del gas en la zona **3** es igual a la del pistón.

Si la velocidad del pistón es menor que u_2, entonces la onda reflejada será una onda de choque que viaja hacia la izquierda y el punto **3'** estará ubicado sobre la polar de choque que en el plano (u, a) se origina en el punto **2'** y finaliza donde $u_3 = u_P$. Esta situación es la que se ilustra en el plano (u, a) de la Figura II.6.7(b). Si la velocidad del pistón es mayor que u_2, la onda reflejada será una expansión centrada y el estado designado con el punto **2'** se conectará al estado indicado por el punto **3'** a través de una característica isoentrópica de familia opuesta a la de las ondas en el plano físico.

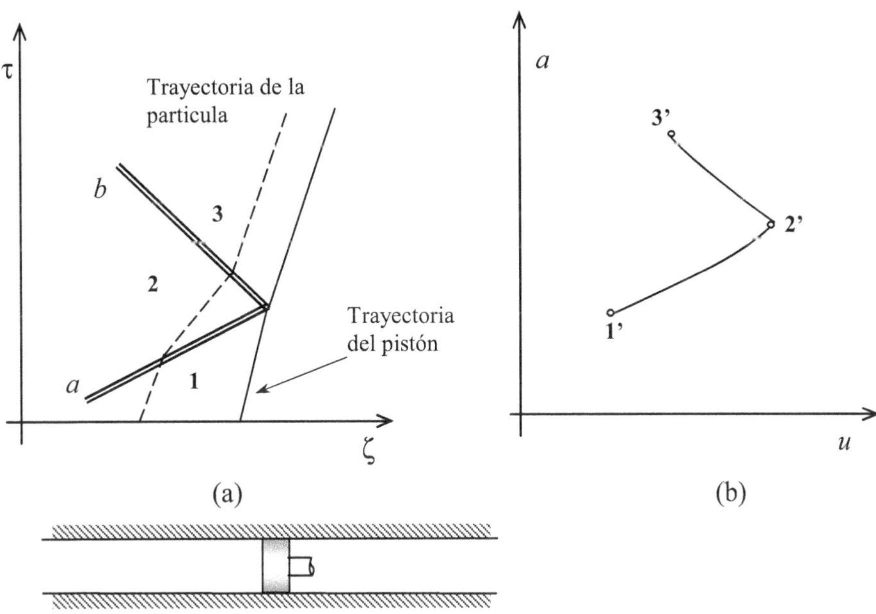

Fig. II.6.7 - Reflexión de una onda de choque desde una pared móvil con $u_p < u_2$: plano físico (a); polar de choque (u, a) (b).

II.6.10. Intersección de Ondas de Choque

La Figura II.6.8(a) muestra una onda de choque a que se desplaza hacia la derecha y se encuentra con otra onda de choque b que se desplaza hacia la izquierda. Las intensidades de los choques a y b son conocidas como también es conocido el estado del gas en la zona **1**. Además se supone que el gas en **1** está en reposo. Por consiguiente los puntos **1'**, **2'** y **3'** pueden localizarse en los planos (u, a) y (u, p) mediante la construcción de las polares de choque respectivas. Las intensidades de los choques c y d transmitidos se determinan de manera que simultáneamente se satisfagan las condiciones:

$$p_4 = p_5 \qquad u_4 = u_5$$

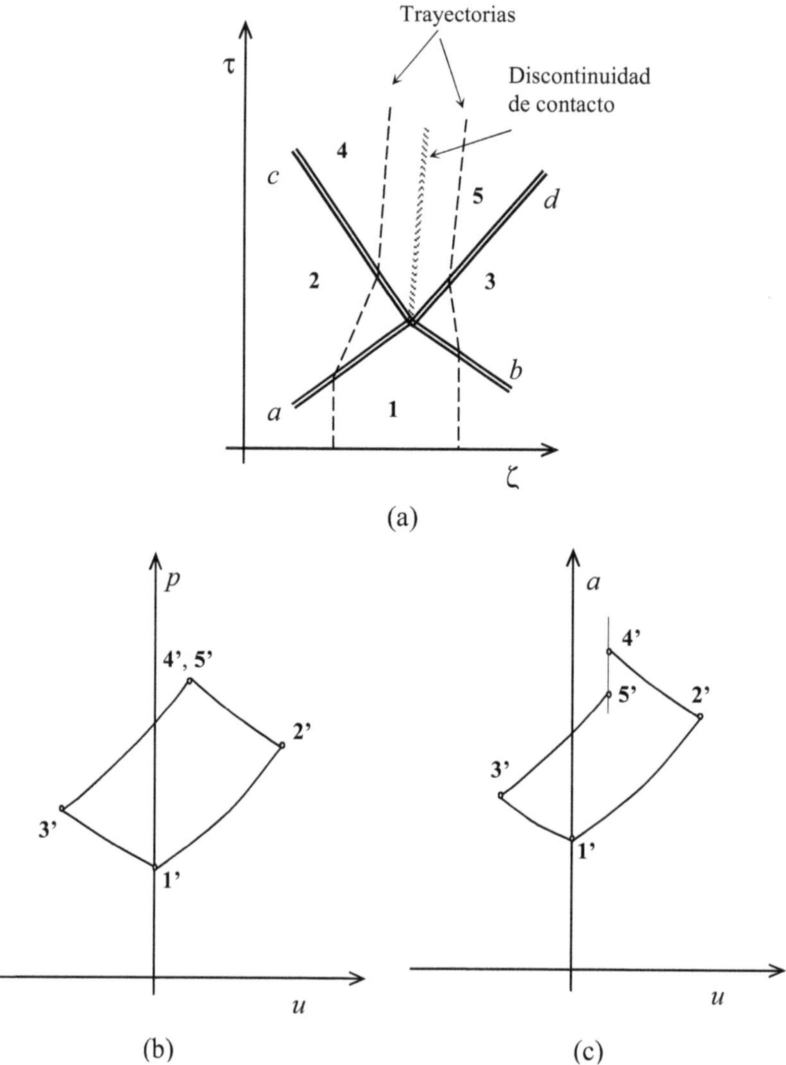

Fig. II.6.8 - Intersección de ondas de choque: plano físico (a); polar de choque (u, p) (b); polar de choque (u, a) (c).

Como indican las trayectorias trazadas en el plano físico (x, t), las partículas que llegan a la zona **4** han pasado por los choques a y c, y las que llegan a la zona **5** lo hacen pasando por los choques b y d. Como las intensidades de los choques son distintas, es de esperar que la entropía de las partículas en **4** sea distinta de la entropía de las partículas en **5** y como ambas zonas tienen la misma presión, tendrán necesariamente diferentes temperaturas (o densidades). De allí entonces que a su representación en el plano (u, a) les corresponda los puntos **4'** y **5'** que poseen la misma velocidad pero diferentes velocidades del sonido. Por lo tanto, una discontinuidad de contacto separará la zona **4** de la **5**. Al punto **4'** se llega desde el punto **2'** y al punto **5'** desde **3'** trazando las polares de choque (u, p) y (u, a) respectivas. Como $p_4 = p_5$, para efectuar los cálculos es más conveniente basarse en la ecuaciones que permiten construir las polares de choque (u, p).

Por otra parte, es evidente que cuando los choques a y b son de igual intensidad, existirá una simetría total, la discontinuidad de contacto desaparecerá y el problema será equivalente a la reflexión de una onda desde una pared sólida.

II.6.11. Interacción de una Onda de Choque con una Discontinuidad de Contacto

La Figura II.6.9 ilustra la interacción de una onda de choque con una discontinuidad de contacto. Tanto el gas en la zona **1** como en la zona **2** están en reposo pero sus temperaturas son diferentes y por lo tanto, también lo es la velocidad del sonido a cada lado de la discontinuidad. Experimentalmente se verifica que la interacción de la onda de choque con la discontinuidad producirá, en general, una onda reflejada y otra transmitida. La naturaleza e intensidad de dichas ondas dependerá de la relación existente entre las velocidades del sonido en las zonas **1** y **2** y de la intensidad del choque incidente. La solución del problema está determinada por las condiciones

$$p_4 = p_5 \quad \text{y} \quad u_4 = u_5.$$

El esquema de la Figura II.6.9 corresponde al caso cuando $a_2 > a_1$ y tanto la onda transmitida como la reflejada son ondas de choque. Cuando $a_2 < a_1$ la onda transmitida es un choque y la reflejada una onda de expansión centrada.

II.6.12. Interacción de Ondas de Choque con Ondas Continuas

Se discutirán en primer término métodos aproximados simples para el estudio de la interacción de ondas de choques con ondas continuas. Luego se verá cuanto más complejo puede llegar a ser el procedimiento exacto para tratar estas interacciones.

En los ejemplos que se presentarán a continuación, las ondas de compresión se indican con líneas de trazo continuo y las de expansión con trazo interrumpido.

II.6.12.1. La Onda de Choque y la Onda Continua se Desplazan en la misma Dirección

La Figura II.6.10(a) ilustra la interacción entre una onda de expansión continua y una onda de choque. Como

$$p_n < p_{n-1} < \ldots < p_3 < p_2,$$

ocurrirá como resultado de la interacción, que la onda de choque se hace cada vez más débil. Si la expansión es más fuerte que el choque, se arribará a una situación en que $p_m = p_1$ y la onda de choque se convertirá en una línea de Mach, que pasará a formar parte de la expansión remanente.

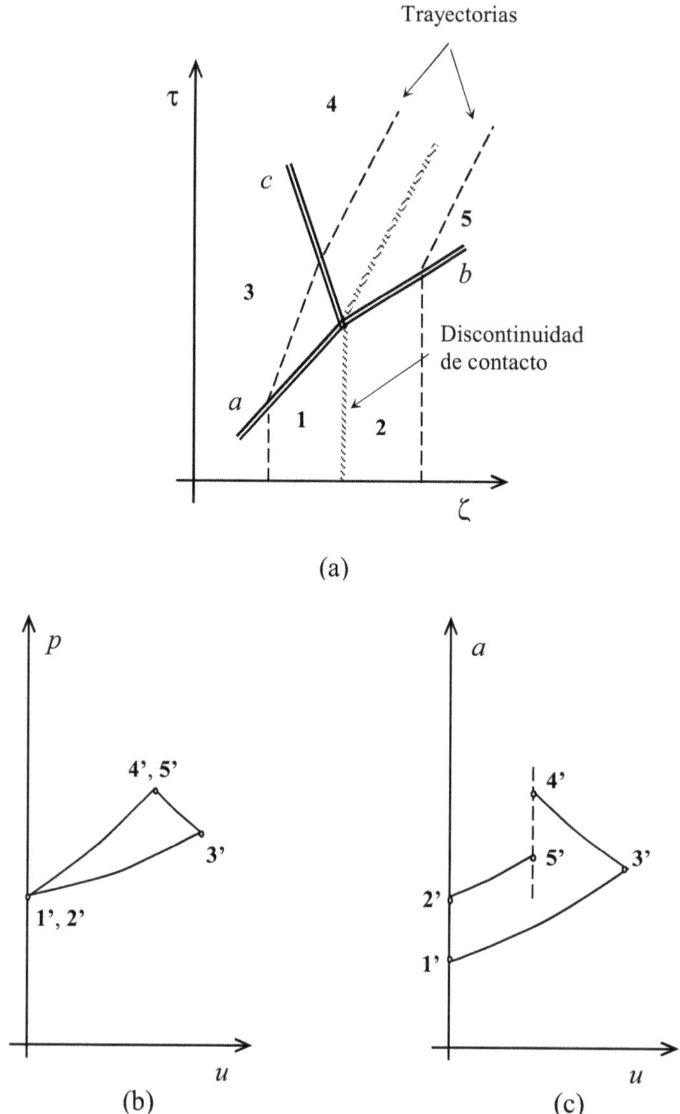

Fig. II.6.9 - Interacción onda de choque-discontinuidad de contacto con $a_2 > a_1$: plano físico (a); polar de choque (u, p) (b); polar de choque (u, a) (c).

Cuando la onda continua es de compresión [Figura II.6.10(b)], se verifica que

$$p_n > p_{n-1} > \ldots > p_3 > p_2,$$

entonces, como resultado de la interacción, la onda de choque se hace cada vez más fuerte. Una vez concluida la interacción, queda únicamente la onda de choque reforzada.

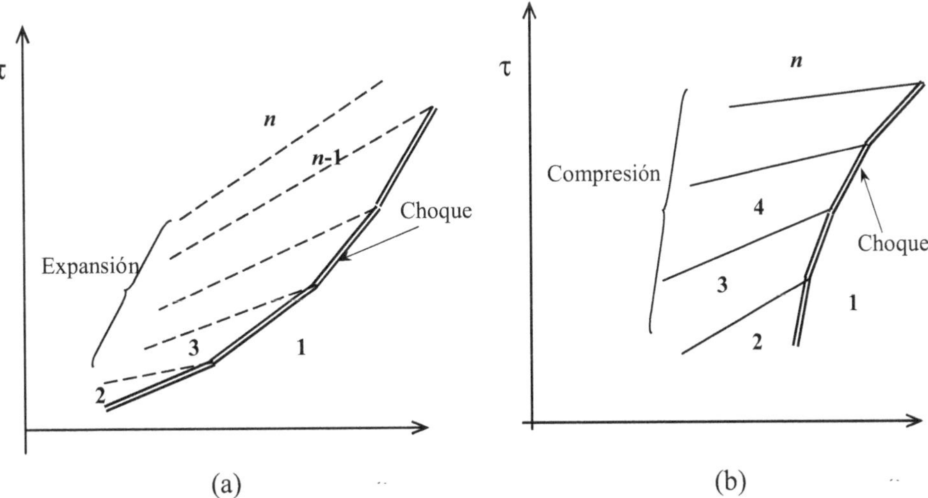

Fig. II.6.10 - Interacción onda de choque con onda continua (ambas se propagan en la misma dirección): onda continua de expansión (a); onda continua de compresión (b).

II.6.12.2. La Onda de Choque se Desplaza en Dirección Contraria a la Onda Continua

Considérese una onda de choque que se desplaza hacia la derecha e interacciona con una onda de expansión que lo hace hacia la izquierda. La onda de expansión puede discretizarse en zonas separadas por características de la familia *II* en el plano físico. La solución gráfica de este problema se muestra esquemáticamente en la Figura II.6.11(a).

Se observa en la Figura II.6.11(a), que la onda de expansión se transmite a través del choque en forma continua. A su vez la onda de choque se refracta también de manera continua. En el plano (u, a) los estados del gas antes de la intersección se representan mediante características de la familia *I* [Figura II.6.11(b)]. Luego de la intersección volverán a estar representados sobre una única característica de la familia *I*, pero desplazada de la anterior por la discontinuidad que en los valores de u y a se produce por el choque.

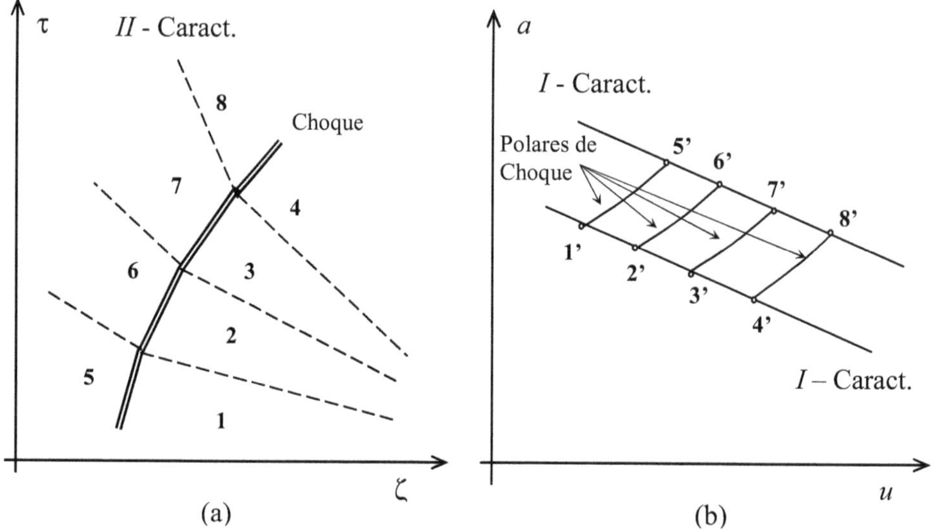

Fig. II.6.11 - Interacción onda de choque – onda de expansión propagándose en sentido contrario: plano físico (a); polar de choque (u, a) (b).

II.6.13. Procedimiento Más Exacto para el Análisis de la Interacción entre una Onda Continua y una Onda de Choque

Con referencias a la Figura II.6.12, supóngase una onda de choque que se desplaza hacia la derecha y es alcanzada por una onda de expansión continua sobre la cual el invariante de Riemann Q permanece constante. La interacción comienza donde la primera característica de la onda continua discretizada intercepta a la onda de choque, es decir en el punto **1**. La onda de choque disminuye su intensidad después del punto **1** dando lugar a la formación de una discontinuidad de contacto. Por su parte la onda incidente en el punto **1** es parcialmente reflejada. Un proceso similar ocurre con la onda que llega al punto **2**.

Para tener en cuenta en el análisis las reflexiones y discontinuidades de contacto que muestra la Figura II.6.12, hay que considerar otros procesos: i) interacción entre ondas continuas (tal como en el punto **3**) y ii) interacción de ondas continuas con discontinuidades de contacto (tal como en el punto **4**). Los resultados obtenidos mediante la aplicación de este procedimiento más exacto, permiten concluir que las ondas que se reflejan desde la onda de choque misma son más débiles que las incidentes. Además, las que se originan por interacción del sistema continuo con las discontinuidades de contacto son aún más débiles. Estas conclusiones tienden a convalidar el análisis aproximado que se aplicara en las secciones II.6.12.1 y II.6.12.2. para el estudio de la interacción de ondas continuas con ondas de choque.

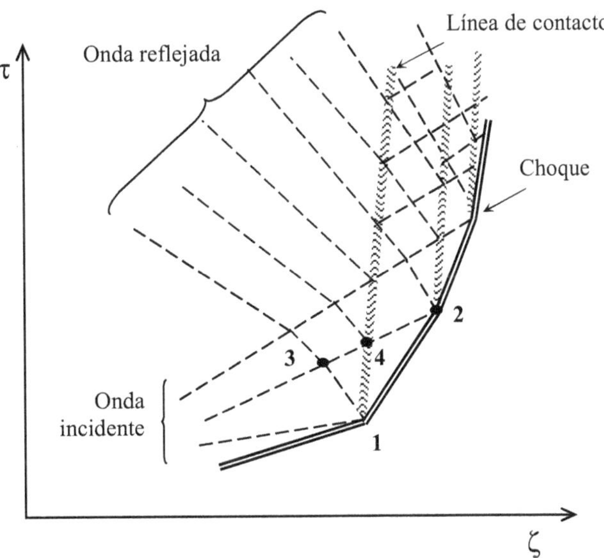

Fig. II.6.12 – Plano físico: procedimiento más exacto para el estudio de la interacción onda de choque con onda continua.

II.6.14. Pasaje de la Onda de Choque por una Discontinuidad en la Sección Transversal del Conducto

El análisis de una onda de choque incidente sobre una variación brusca o discontinua de la sección transversal del conducto es similar al análisis efectuado cuando la onda incidente era continua (Secciones II.3.5.1 y II.3.5.2). El concepto de flujo cuasi-estacionario, es decir, un flujo donde $\partial u/\partial t$ puede ignorarse comparado con $u{\cdot}\partial u/\partial x$ y donde $\partial \rho/\partial t$ puede ignorarse comparado con $u{\cdot}\partial \rho/\partial x$, es aplicable a través del tramo del conducto donde existen cambios de área muy rápidos. Por lo tanto, las ecuaciones de flujo estacionario son válidas en cada instante y son utilizadas para establecer las condiciones de empalme a uno y otro lado de la discontinuidad con que se representa el cambio de área. Las diferencias principales con el análisis efectuado para las ondas continuas son:

- las polares de choque deben usarse en combinación con las curvas características en lugar de utilizar exclusivamente características;
- la formación de una discontinuidad de contacto.

Cuando en la dirección del flujo, existe una disminución del área de pasaje, la onda de choque que incide sobre la discontinuidad con que se reemplaza dicho cambio de área, es parcialmente transmitida y parcialmente reflejada. Además, si a la derecha de la discontinuidad en área el movimiento es supersónico, existirá una onda continua de expansión seguida por la discontinuidad de contacto. Los sistemas de ondas que se forman, según que el movimiento permanezca subsónico en todo el tramo o pase a ser supersónico, se ilustran en la Figura II.6.13.

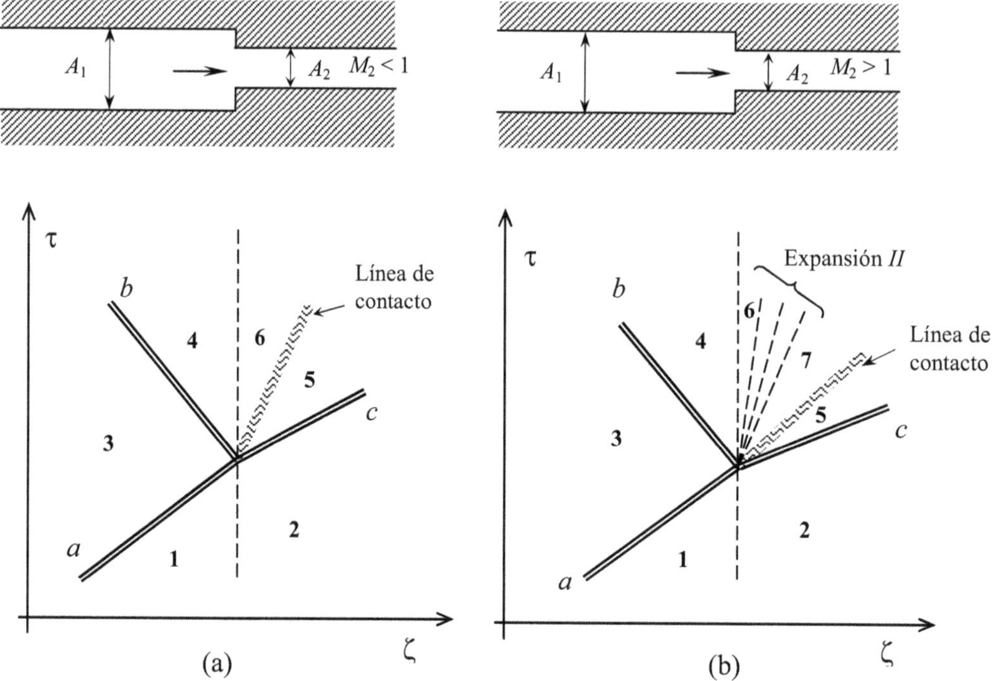

Fig. II.6.13 - Onda de choque incidente sobre una reducción de la sección transversal del conducto: flujo enteramente subsónico (a); flujo supersónico en el área reducida (b).

En la Figura II.6.14 se muestra esquemáticamente el sistema de ondas que se forma cuando se produce un ensanchamiento de la sección del conducto. Experimentalmente se observa que las ondas de choque transmitidas son dos, una es del tipo *P* y la otra del tipo *Q*, aunque ambas se desplacen hacia la derecha. Como se deduce de la representación en el plano (u, a), en el flujo comprendido entre ambas ondas de choque es necesario postular la existencia de una discontinuidad de contacto [Figura II.6.14(b)]. Esta discontinuidad es necesaria para compensar la desigualdad existente entre las velocidades del sonido, según se llegue a dicha zona pasando por la onda *b* o la *c*.

Los problemas presentados en esta sección, pueden resolverse mediante la aplicación oportuna de las ecuaciones que han sido derivadas para el tratamiento de ondas móviles continuas, de choque y de contacto, además de ecuaciones estacionarias conocidas (Tamagno *et al.*, 2008) para empalmar las soluciones a través de la discontinuidad por la cual se sustituye la zona donde se produce el cambio de área. Se sugiere un esquema de cálculo que permita determinar:

- los parámetros del flujo en la zona situada a la izquierda de la discontinuidad de contacto, a partir del estado del fluido en la zona **1**;
- las condiciones del flujo en la zona a la derecha de dicha discontinuidad iniciando el cálculo desde el estado del fluido en la zona **2**.
- iterar en las intensidades de las ondas cuya existencia ha sido supuesta hasta satisfacer la igualdad en velocidad y presión a través de la discontinuidad de

contacto.

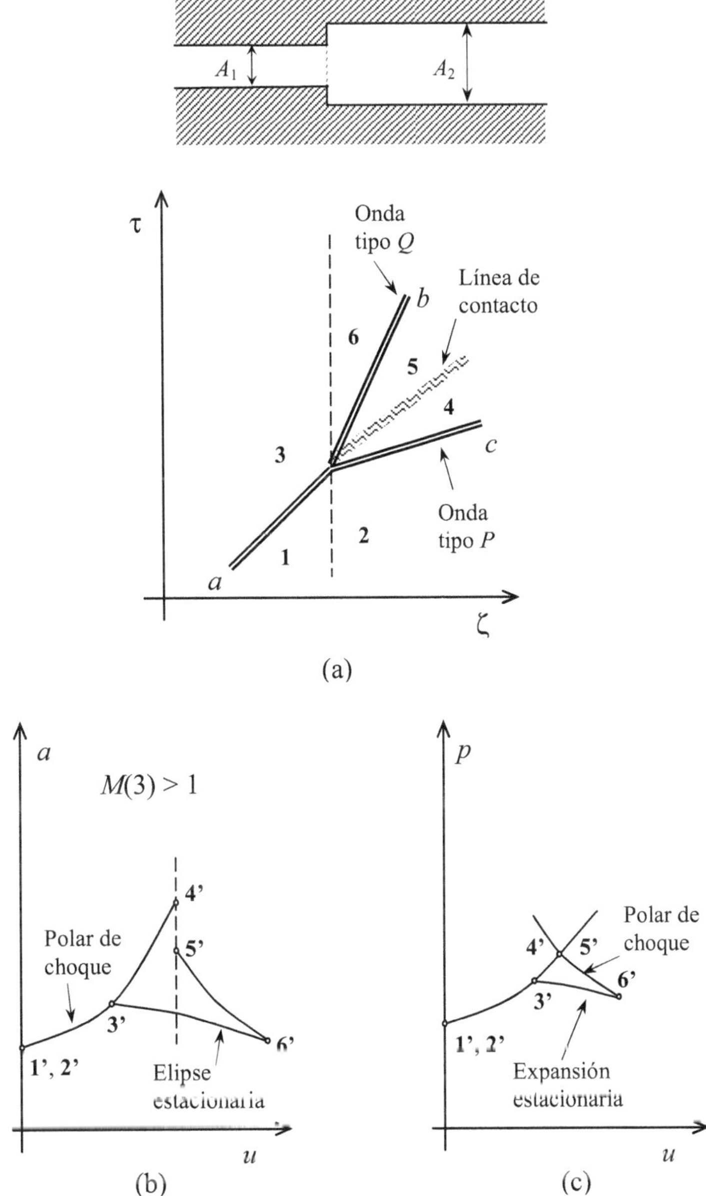

Fig. II.6.14 - Onda de choque incidente sobre un ensanchamiento de la sección transversal del conducto: plano físico (a); polar de choque (u, a) (b); polar de choque (u, p) (c).

II.7. EJERCICIOS

1. Dibujar los planos (u, a) para las interacciones entre ondas de choque y ondas continuas de las Figuras II.6.10 y II.6.12.

Capítulo III

Flujo Supersónico Bidimensional

Ondas de Choque Oblicuas

III.1. INTRODUCCIÓN

Los choques normales o rectos (ver Capítulo II de Tamagno *et al.*, 2008), son una forma especial de discontinuidades de presión. En la práctica, generalmente, estas discontinuidades se manifiestan en forma inclinada a la dirección del flujo incidente y se las denomina *ondas de choque oblicuas* o simplemente *choques oblicuos.*

Los choques oblicuos se originan, por ejemplo, cuando la presencia de un obstáculo tipo rampa o cuña, fuerza a la corriente supersónica a desviarse bruscamente. Como resultado de esta desviación, se produce una repentina disminución de la velocidad y un fuerte aumento de la presión dando lugar a la formación de un choque oblicuo rectilíneo que puede permanecer o no adherido al obstáculo que lo produce. Cuando la desviación es suficientemente grande y el Mach de la corriente no lo es, la onda de choque puede despegarse de la rampa o cuña, dando origen a configuraciones de ondas y campos de movimiento más complejos que en el caso de simple choque oblicuo. Por otra parte, cuando la desviación de la corriente incidente se efectúa de manera progresiva y continua, como en un cuerpo cóncavo, se generan ondas de compresión continuas que tienden a converger hasta que se forma un único choque oblicuo que se ubica a cierta distancia del cuerpo.

Cuando se trata de un cuerpo de revolución, tal como una punta cónica o una ojiva de misil, la onda que se forma es tridimensional y tiene forma cónica. Como sobre cada generatriz de esta superficie las propiedades son constantes, resulta entonces que cada generatriz se comporta como un choque oblicuo y como tal pueden ser evaluados los cambios en las propiedades del flujo a través del choque cónico. En este capítulo se tratará el fenómeno de manera solamente bidimensional.

El comportamiento del flujo cuando se forma el choque oblicuo puede ser analizado por analogía con el choque recto. En la Figura III.1.1(a) se ha representado el cambio de velocidades normales que se produce a través del choque recto.

Se sabe que el flujo detrás del choque recto es siempre subsónico, pero detrás del choque oblicuo puede ser supersónico o subsónico. Como se verá más adelante esta dualidad supersónico/subsónico depende de la intensidad del choque oblicuo.

Los choques oblicuos pueden ser analizados básicamente por una descomposición de velocidades en el sentido normal y en el sentido transversal al choque tal como se muestra en la Figura III.1.1(b). En esta figura se han representado las velocidades delante y detrás de la onda formada en el inicio de una rampa (o cuña) que presenta un cierto ángulo θ con respecto a la dirección de la corriente libre.

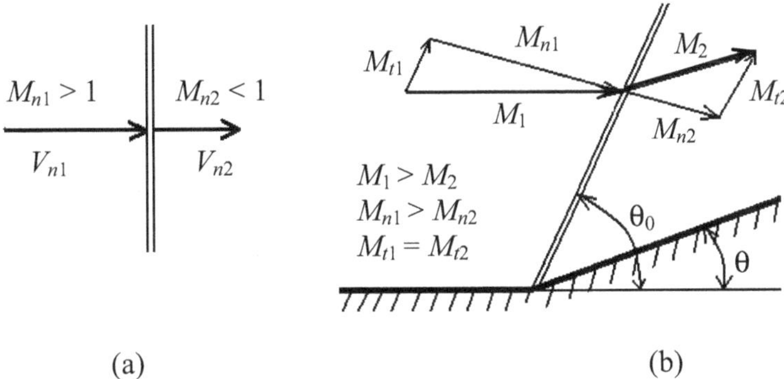

Fig. III.1.1 – Onda de choque recto (a) y onda de choque oblicuo (b).

Las líneas de corriente detrás de la onda se desvían de manera de seguir una dirección paralela a la rampa (condición de contorno). El ángulo que forma el choque oblicuo con respecto a la corriente libre θ dependerá básicamente de la velocidad del flujo y del ángulo de cuña θ.

III.2. RELACIÓN DE LOS PARÁMETROS FUNDAMENTALES A TRAVÉS DE LA ONDA DE CHOQUE OBLICUA

La solución analítica para calcular las relaciones de los parámetros gasdinámicos fundamentales a través del choque recto u oblicuo se encuentra planteando las ecuaciones de continuidad, de la cantidad de movimiento y de la energía. Para el caso de choque oblicuo se agrega además la desviación del flujo detrás de la onda como una variable independiente adicional.

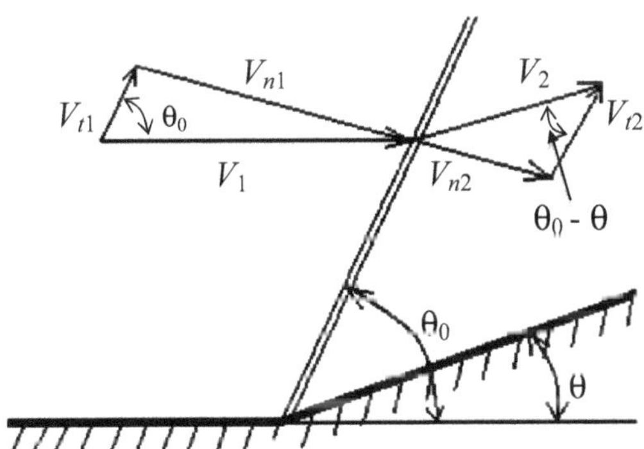

Fig. III.2.1 – Onda de choque oblicuo.

De la Figura III.2.1 se obtiene:

$$\tan(\theta_0 - \theta) = \frac{V_{n2}}{V_{t2}} \qquad \tan\theta_0 = \frac{V_{n1}}{V_{t1}}$$

$$V_{n2} = V_2 \operatorname{sen}(\theta_0 - \theta) \qquad V_{n1} = V_1 \operatorname{sen}\theta_0$$

En función de la variación de las componentes normales de la velocidad corriente arriba y corriente abajo respecto del choque oblicuo, la ecuación de continuidad puede ser expresada de la siguiente forma:

$$\rho_1 V_{n1} = \rho_2 V_{n2} \tag{III.2.1}$$

La ecuación de la cantidad de movimiento a través de la onda en la dirección normal resulta:

$$p_1 + \rho_1 V_{n1}^2 = p_2 + \rho_2 V_{n2}^2 \tag{III.2.2}$$

Debido a que a lo largo de la onda el gradiente de presiones es nulo ($p_1 = p_2$), la ecuación de la cantidad de movimiento en la dirección tangencial se expresa:

$$(\rho_1 V_{n1}) V_{t1} = (\rho_2 V_{n2}) V_{t2} \tag{III.2.3}$$

con los términos entre paréntesis representando la variación de masa. Teniendo en cuenta la igualdad planteada por la ecuación de continuidad III.2.1 se puede simplificar la expresión anterior obteniéndose:

$$V_{t1} = V_{t2} \tag{III.2.4}$$

Se verifica analíticamente que la componente tangencial de la velocidad se mantiene constante a ambos lados de la onda.

Por tratarse de un proceso adiabático e isoenergético, la ecuación de la energía a través del choque oblicuo se expresa como:

$$c_{p1} T_1 + \frac{V_1^2}{2} = c_{p2} T_2 + \frac{V_2^2}{2} \tag{III.2.5}$$

Y considerando un gas perfecto con propiedades termodinámicas constantes, $c_{p1} = c_{p2} = c_p$, se escribe:

$$c_p (T_2 - T_1) = \frac{V_1^2 - V_2^2}{2} \tag{III.2.6}$$

Además, de la Figura III.2.1 y de la Ec. III.2.4 se deduce que:

$$V_1^2 - V_2^2 = \left(V_{n1}^2 + V_{t1}^2\right) - \left(V_{n2}^2 + V_{t2}^2\right) = V_{n1}^2 - V_{n2}^2 \qquad \text{(III.2.7)}$$

Combinando la ecuación de estado y la expresión para el calor especifico a presión constante se consigue:

$$c_p T = \frac{\gamma}{\gamma - 1}\frac{p}{\rho} \qquad \text{(III.2.8)}$$

Y reemplazando las Ecs. III.2.7 y III.2.8 en III.2.6 se escribe la ecuación de la energía en la forma siguiente:

$$\frac{\gamma}{\gamma - 1}\left(\frac{p_2}{\rho_2} - \frac{p_1}{\rho_1}\right) = \frac{V_{n1}^2 - V_{n2}^2}{2} \qquad \text{(III.2.9)}$$

Las Ecs. III.2.1, III.2.2, III.2.4 y III.2.9 definen analíticamente las relaciones a través del choque oblicuo. Las relaciones entre las velocidades tangenciales y normales a cada lado de la onda obtenidas de la Figura III.2.1 permiten conocer también el ángulo de la onda θ_0 y la diferencia angular $(\theta - \theta_0)$.

Si se conocen las condiciones de presión, densidad y las componentes de la velocidad normal y tangencial del flujo antes del choque es posible determinar el valor de estos mismos parámetros detrás del choque utilizando las cuatro ecuaciones mencionadas. Finalmente, como la presión y la densidad determinan la velocidad del sonido se pueden obtener los valores de Mach antes y después del choque.

De la Figura III.2.1 también se pueden deducir las relaciones siguientes:

$$V_{t1} = V_1 \cos\theta_0$$

$$V_{t2} = V_2 \cos(\theta_0 - \theta)$$

Y reemplazando en la Ec. III.2.4 se obtiene la relación de velocidades a través de la onda

$$V_1 \cos\theta_0 = V_2 \cos(\theta_0 - \theta)$$

$$\frac{V_2}{V_1} = \frac{\cos\theta_0}{\cos(\theta_0 - \theta)} \qquad \text{(III.2.10)}$$

$$V_1 > V_2 \qquad \text{siempre que } \theta \neq 0$$

La relación de densidades a través del choque oblicuo puede ser obtenida a partir de la ecuación de continuidad III.2.1, donde se reemplaza el valor que corresponde a las componentes de velocidades normales a la onda según el triángulo de velocidades de la Figura III.2.1.

$$\rho_1 V_1 \operatorname{sen}\theta_0 = \rho_2 V_2 \operatorname{sen}(\theta_0 - \theta)$$

Despejando la relación de densidades de la ecuación anterior se obtiene:

$$\frac{\rho_2}{\rho_1} = \frac{V_1}{V_2}\frac{\operatorname{sen}\theta_0}{\operatorname{sen}(\theta_0 - \theta)} \qquad \text{(III.2.11)}$$

Y reemplazando la relación de velocidades V_1/V_2 por la obtenida con la Ec. III.2.10 se consigue:

$$\frac{\rho_2}{\rho_1} = \frac{\cos(\theta_0 - \theta)}{\cos\theta_0}\frac{\operatorname{sen}\theta_0}{\operatorname{sen}(\theta_0 - \theta)} = \frac{\tan\theta_0}{\tan(\theta_0 - \theta)}$$

$$\rho_2 > \rho_1 \qquad \text{si } \theta \neq 0 \qquad \text{(III.2.12)}$$

Resulta conveniente expresar la relación de los principales parámetros físicos a través del choque oblicuo en función del número de Mach delante de la onda y del ángulo de la misma. De esta forma se obtiene:

Relación de presiones estáticas (Zucrow y Hoffman, 1976):

$$\frac{p_2}{p_1} = \left(\frac{2\gamma}{\gamma+1}\right)\left(M_1^2 \operatorname{sen}^2\theta_0 - \frac{\gamma-1}{2\gamma}\right) \qquad \text{(III.2.13)}$$

Relación de densidades (Zucrow y Hoffman, 1976):

$$\frac{\rho_2}{\rho_1} = \frac{(\gamma+1)M_1^2 \operatorname{sen}^2\theta_0}{2 + (\gamma-1)M_1^2 \operatorname{sen}^2\theta_0} \qquad \text{(III.2.14)}$$

Relación de temperaturas estáticas (Liepmann y Roshko, 1957):

$$\frac{T_2}{T_1} = \left(\frac{a_2}{a_1}\right)^2 = 1 + \left[\frac{2(\gamma-1)}{(\gamma+1)^2}\frac{\left(M_1^2 \operatorname{sen}^2\theta_0\right) - 1}{\left(M_1^2 \operatorname{sen}^2\theta_0\right)}\left(\gamma M_1^2 \operatorname{sen}^2\theta_0 + 1\right)\right] \qquad \text{(III.2.15)}$$

Variación de entropía:

$$\frac{s_2 - s_1}{R} = \ln\left\{\left[1 + \frac{2\gamma}{(\gamma+1)}\left(M_1^2 \operatorname{sen}^2\theta_0\right)\right]^{1/(\gamma-1)}\left[\frac{(\gamma+1)M_1^2 \operatorname{sen}^2\theta_0}{(\gamma-1)M_1^2 \operatorname{sen}^2\theta_0 + 2}\right]^{-\gamma/(\gamma-1)}\right\}$$

$$= \ln\left(\frac{p_{02}}{p_{01}}\right) \qquad \text{(III.2.16)}$$

Se debe tener en cuenta que la relación entre la variación de entropía y presiones de estancamiento a través del choque oblicuo implica que $T_{02} = T_{01}$ (ver Ec. III.2.5). Por otra parte si en las Ecs. III.2.13 a III.2.16 se hace $\theta_0 = \pi/2$ se encuentran las correspondientes relaciones aplicables al choque recto.

La relación entre M_1, el ángulo de cuña θ y el ángulo del choque θ está dada por la siguiente ecuación (Liepmann y Roshko, 1957):

$$\tan\theta = \frac{2\left(M_1^2 \operatorname{sen}^2\theta_0 - 1\right)}{\tan\theta_0\left[M_1^2(\gamma + \cos 2\theta_0) + 2\right]} \tag{III.2.17}$$

Se deduce de esta ecuación que para un único valor de M_1 existirán dos valores posibles de θ_0 para un mismo valor de θ (ángulo de cuña). El sentido físico que tienen estos dos valores posibles de θ_0 será tratado cuando los casos de choque fuerte y débil sean presentados. Esta ecuación se puede utilizar para generar un gráfico (θ_0, M_1) considerando el ángulo θ de desviación del flujo como parámetro (ver Grafico B.4 del Apéndice B).

Los casos límites para esta ecuación estarán dados cuando el ángulo θ_0 sea nulo, en cuyo caso no existe onda de choque, y cuando θ_0 sea igual a 90°, en cuyo caso se estará en presencia de un choque recto. Entre estos dos límites el valor del ángulo θ será positivo y existirá un valor límite θ_{max} (o M_1 mínimo) para que la onda permanece adherida al objeto que la induce. El valor de θ_0 para el cual se alcanza θ_{max}, o sea la máxima deflexión del flujo, puede calcularse a partir de la siguiente ecuación (Zucrow y Hoffman, 1976):

$$\operatorname{sen}^2\theta_{0\max} = \frac{1}{\gamma M_1^2}\left\{\frac{(\gamma+1)}{4}M_1^2 - 1 + \left[(\gamma+1)\left(1 + \frac{(\gamma+1)}{2}M_1^2 + \frac{(\gamma+1)}{16}M_1^4\right)\right]^{1/2}\right\} \tag{III.2.18}$$

El Mach detrás del choque oblicuo puede ser calculado utilizando la siguiente ecuación (Liepmann y Roshko, 1957):

$$M_2 = \sqrt{\left[\frac{1}{\operatorname{sen}^2(\theta_0 - \theta)}\right]\left[\frac{1 + \left(\frac{\gamma-1}{2}\right)M_1^2 \operatorname{sen}^2\theta_0}{(\gamma M_1^2 \operatorname{sen}^2\theta_0) - \left(\frac{\gamma-1}{2}\right)}\right]} \tag{III.2.19}$$

Según la Ec. III.2.17, $\theta = f(M_1,\theta_0)$, por lo tanto $M_2 = g(M_1,\theta_0)$.

Se puede notar en la Ec. III.2.19 que si M_1 es fijado, la intensidad del choque dependerá enteramente del valor que tome el ángulo de la onda de choque θ_0. Si $M_1 \operatorname{sen}\theta_0 < 1$, la componente normal M_{n1} a la onda de choque oblicua será subsónica y no puede haber onda de choque (ver Fig. III.1.1). Por lo tanto no se producirá una onda de choque a menos que:

$$M_1 \operatorname{sen}\theta_0 \geq 1$$

Otro caso particular es cuando el ángulo θ_0 tiene un valor tal que el Mach detrás del choque es unitario. Este valor puede ser calculado aplicando la siguiente ecuación (Zucrow y Hoffman, 1976):

$$\operatorname{sen}^2\theta_{0s} = \frac{1}{\gamma M_1^2}\left\{\frac{(\gamma+1)}{4}M_1^2 - \frac{(3-\gamma)}{4} + \left[(\gamma+1)\left(\frac{(9+\gamma)}{16} - \frac{(3-\gamma)}{8}M_1^2 + \frac{(\gamma+1)}{16}M_1^4\right)\right]^{1/2}\right\} \tag{III.2.20}$$

En la Figura III.2.2 se puede ver como evoluciona la formación del choque oblicuo a partir de una cuña para la cual se va incrementando el valor del ángulo de desviación θ hasta transformarse en un choque recto situado a distancia infinita respecto de una cuña teórica de 90°.

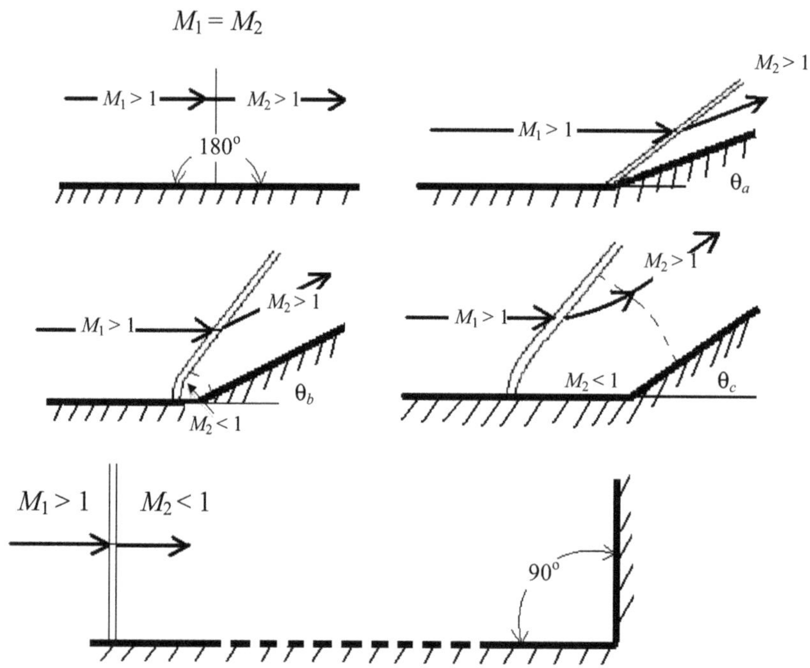

Fig. III.2.2 – Evolución de la onda de choque oblicuo ($\theta_a < \theta_b < \theta_c$).

III.3. POLAR DE CHOQUE OBLICUO

La variación de velocidad a través de una onda de choque oblicua puede ser analizada utilizando el diagrama de plano hodógrafo mostrado en la Figura III.3.1, donde se han graficado los vectores representativos de las velocidades delante y detrás de la onda. A los fines de la representación vectorial de las velocidades se considera que el flujo por delante de la onda tiene la dirección del eje de abscisas.

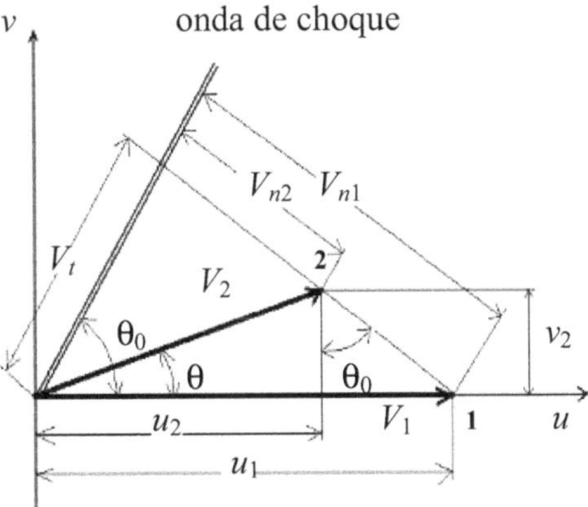

Fig. III.3.1 – Plano hodógrafo: vectores velocidades delante y detrás de la onda.

Para cada valor de la velocidad por delante de la onda corresponden infinitos valores posibles de velocidad por detrás de la misma dependiendo del ángulo que tenga la cuña que genera la perturbación. El lugar geométrico de estos puntos forma una curva particular llamada estrofoide, también conocida como polar de choque oblicuo, asociada a un valor de Mach M_1^* determinado, tal como se muestra en la Figura III.3.2. Se debe recordar que $M^* = V/a^*$, siendo a^* la velocidad del sonido crítica.

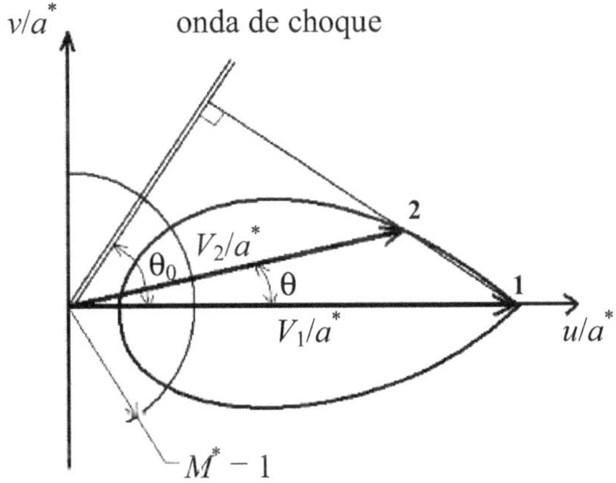

Fig. III.3.2 – Estrofoide en el plano hodógrafo.

El valor de la velocidad por detrás del choque oblicuo puede encontrarse trazando una línea recta desde el origen con una inclinación igual al ángulo de cuña θ. Donde esta línea corte a la estrofoide se tiene el extremo del vector velocidad adimensionalizado correspondiente a M_2^*.

La dirección de la onda de choque resulta perpendicular a la recta que pasa por los puntos **1** y **2** tal como se muestra en la Figura III.3.2.

De la geometría de la Figura III.3.1 se deduce:

$$V_{n1} = u_1 \operatorname{sen}\theta_0$$

$$V_t = u_1 \cos\theta_0$$

$$V_{n2} = V_{n1} - \sqrt{v_2^2 + (u_1 - u_2)^2} = u_1 \operatorname{sen}\theta_0 - \sqrt{v_2^2 + (u_1 - u_2)^2}$$

Multiplicando por V_{n1}, y teniendo en cuenta la relación de Prandtl para la onda de choque oblicua (Zucrow y Hoffman, 1976):

$$V_{n1}V_{n2} = a^{*2} - V_t^2 \frac{\gamma - 1}{\gamma + 1} \qquad \text{(III.3.1)}$$

Se puede obtener:

$$u_1^2 \operatorname{sen}^2\theta_0 - u_1 \operatorname{sen}\theta_0 \sqrt{v_2^2 + (u_1 - u_2)^2} = a^{*2} - u_1^2 \frac{\gamma - 1}{\gamma + 1} \cos^2\theta_0 \qquad \text{(III.3.2)}$$

Si en la Ec. III.3.2 se elimina θ_0 con la relación adicional obtenida de la Figura III.3.1, a saber:

$$\tan\theta_0 = \frac{u_1 - u_2}{v_2}$$

y se expresa el seno y el coseno en función de la tangente en la siguiente forma:

$$\operatorname{sen}\theta_0 = \frac{\tan\theta_0}{1 + \tan^2\theta_0}$$

$$\cos\theta_0 = \frac{1}{1 + \tan^2\theta_0}$$

dicha ecuación, luego de considerables operaciones algebraicas, conduce a la ecuación de la polar de choque que se presenta a continuación. Desde el punto de vista geométrico dicha polar se conoce como estrofoide.

$$\left(\frac{v_2}{a^*}\right)^2 = \left[\frac{u_1}{a^*} - \left(\frac{u_2}{a^*}\right)^2\right]^2 \left|\frac{\left(\frac{u_1}{a^*}.\frac{u_2}{a^*}\right) - 1}{\left[\left(\frac{2}{\gamma+1}\right)\left(\frac{u_1}{a^*}\right)^2 - \left(\frac{u_1 u_2}{a^{*2}}\right) + 1\right]}\right|$$

Esta expresión permite graficar v_2/a^* en función de u_2/a^* para cualquier valor especificado del parámetro u_1/a^*. Esta polar de choque hodógrafa permite obtener de forma muy ilustrativa las componentes de velocidad detrás de la onda de choque oblicuo.

A los fines prácticos resulta conveniente graficar las polares hodógrafas para diferentes números de Mach M_1 y de esta manera poder encontrar por un método gráfico sencillo el valor de la velocidad en términos de número de Mach por detrás de la onda. La Figura III.3.3 muestra las curvas estrofoides correspondientes a diferentes números de Mach referidos a la condición sónica M^*. Esta representación es muy conveniente ya que para un valor de Mach infinito corresponde un valor finito de M^*.

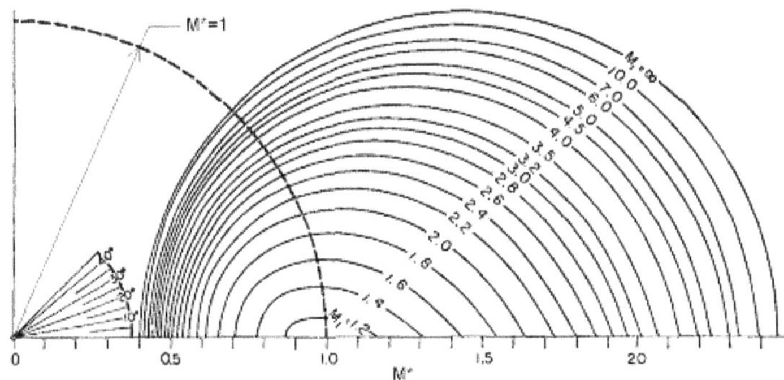

Fig. III.3.3 – Estrofoides para distintos números de Mach (Shapiro, 1953).

Supóngase que se desea conocer la velocidad por detrás de un choque oblicuo sabiendo que el Mach delante es $M_1 = 4$ ($M_1^* = 2{,}138$) y el ángulo de cuña θ vale 10°. Para ello se traza una recta con 10° de inclinación en el gráfico de la Figura III.3.3 y se busca el punto de intersección con la curva estrofoide correspondiente a $M_1 = 4$. A continuación se traza una recta vertical desde el punto de intersección encontrado hasta cortar el eje de abscisa donde se ubica el valor de $u_2^* = u_2/a^*$. Sobre el eje de ordenadas se lee el valor correspondiente de $v_2^* = v_2/a^*$ tal como se muestra en la Figura III.3.4.

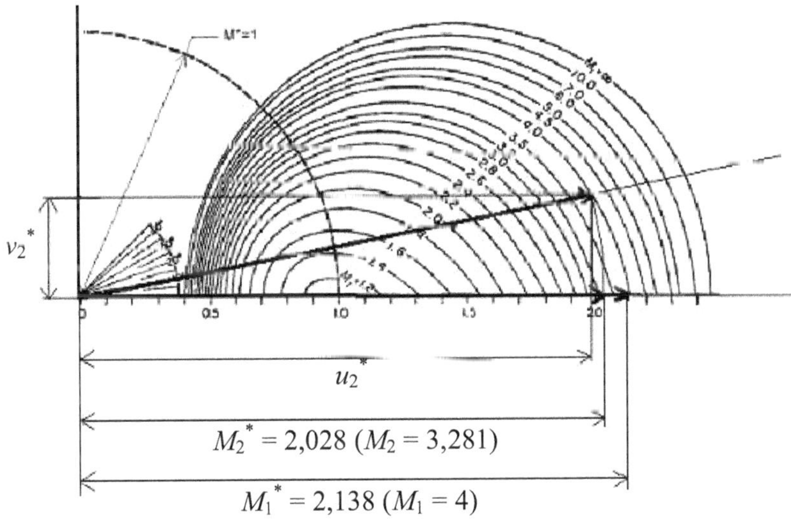

Fig. III.3.4 – Caso particular.

Luego el valor de M_2^* se calcula con la expresión:

$$M_2^* = \sqrt{u_2^{*2} + v_2^{*2}}$$

Si no se dispone de un grafico que permita determinar los valores de u_2^* y v_2^* con la debida precisión, se puede encontrar el Mach detrás de la onda de manera sencilla. Se mide directamente la longitud del vector representativo M_2^* desde su origen hasta la intersección con la estrofoide correspondiente a $M_1 = 4$ y luego se transfiere con un compás esta medición al eje de abscisas para leer el valor en la escala de M_1^* (ver Figura III.3.4). De esta forma se obtiene el valor $M_2^* = 2{,}028$ ($M_2 = 3{,}281$) para el ejemplo dado.

III.3.1. Propiedades de la Polar Hodógrafa del Choque Oblicuo

Los parámetros antes y después del choque oblicuo pueden ser determinados utilizando el diagrama hodógrafo de la Figura III.3.5. En esta figura se puede notar que existen tres intersecciones posibles cuando se traza una recta con un ángulo igual al de la cuña que genera la onda de choque oblicuo. Para los puntos ***A*** y ***B*** se produce un aumento de entropía que depende de la relación de presiones p_2/p_1 y esta es a su vez proporcional a M_1^2 sen^2 θ_0. Si para un mismo número de Mach M_1 delante del choque existen dos valores posibles de θ_0, le corresponderá la relación de presiones p_2/p_1 mayor al valor de θ_0 más elevado. De esta manera se determina que el punto ***A*** corresponde a un choque fuerte mientras que el punto ***B*** determina las condiciones de velocidad por detrás de la onda para un choque débil.

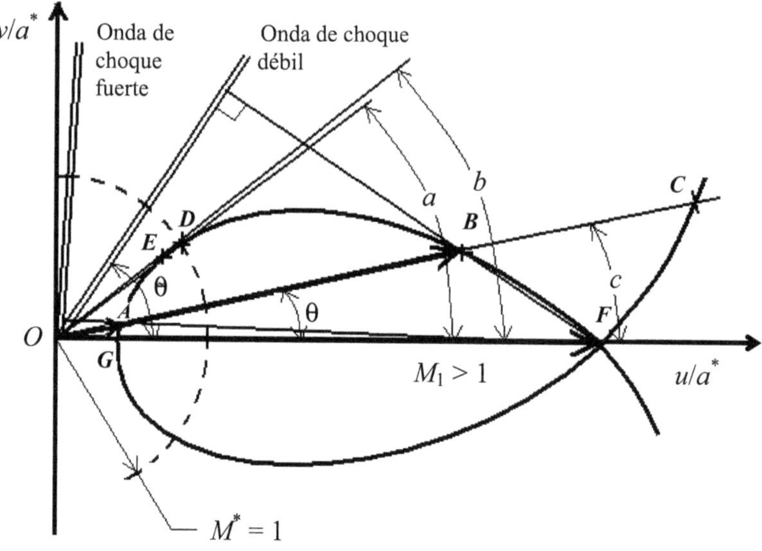

Fig. III.3.5 – Plano hodógrafo: polar de choque oblicuo.

El punto ***C*** se encuentra situado en la rama externa del bucle y no tiene sentido físico, ya que implicaría un incremento del número de Mach a través de la onda de choque.

Además se pueden deducir las siguientes propiedades:

- La inclinación de la onda de choque está determinada por el ángulo θ_0 que forma la recta que partiendo del origen *O* se traza perpendicular a aquella que une el punto ***F*** de la estrofoide con los puntos ***A*** o ***B*** según se trate de un caso de choque fuerte o de choque débil respectivamente.
- Las intersecciones que se encuentran dentro del círculo de radio unitario implican valores de Mach subsónicos detrás de la onda de choque. Se puede notar entonces que el punto ***D*** determina la inclinación del ángulo de cuña ($\theta = a$) para la cual se obtiene flujo sónico ($M_2 = 1$) mientras que el punto ***E*** (tangente de la estrofoide al origen *O*) indica el valor máximo que puede alcanzar el ángulo de la cuña ($\theta = b$) sin que la onda se despegue del inicio de la misma. La distancia que existe entre los puntos ***D*** y ***E*** indica la posibilidad de tener casos de ondas de choque oblicuas débiles con números de Mach subsónicos por detrás de la onda de choque.
- Los puntos ***G*** y ***F*** corresponden a la intersección de la polar con el eje de abscisas.
- La distancia entre el origen *O* y el punto ***G*** representa el vector velocidad detrás de una onda de choque recta para un determinado valor de M_1.

III.4. CHOQUE OBLICUO FUERTE Y CHOQUE OBLICUO DÉBIL

La causa que provoca que un choque oblicuo pueda ser de tipo fuerte o débil se debe en parte a las condiciones de la presión corriente abajo. Si la presión es lo suficientemente baja se encuentra en presencia de una onda de choque oblicua débil y consecuentemente el flujo por detrás de la misma seguirá siendo en general supersónico pero con un valor de Mach menor al que se tenía por delante de la onda.

Si por el contrario la presión corriente abajo es lo suficientemente alta el flujo se comprimirá bruscamente a través de la misma haciendo que los valores de presión y de densidad crezcan muy por encima del caso anterior. En este caso el sistema se encuentra frente a un choque oblicuo fuerte donde el flujo por detrás de la onda será siempre subsónico. La Figura III.4.1 muestra lo que ocurre en el plano físico donde, como fue mostrado anteriormente, existen dos posibles valores del ángulo θ_0 para un mismo valor del ángulo de desviación de la corriente θ.

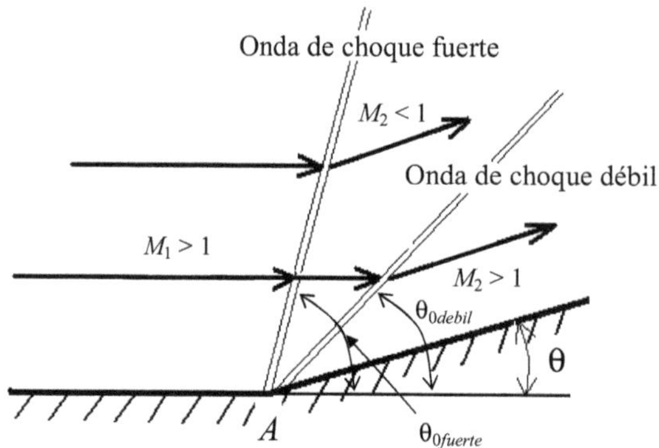

Fig. III.4.1 – Plano físico: choque fuerte y choque débil.

Cuando, dentro de un conducto, se produce un choque oblicuo fuerte, éste se va curvando desde su origen hasta hacerse prácticamente normal en la pared opuesta tal como se puede apreciar en la Figura III.4.2.

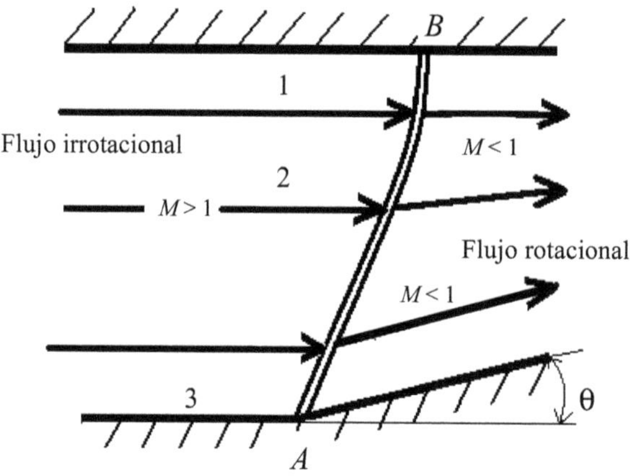

Fig. III.4.2 – Plano físico: choque fuerte.

Dado que el flujo es subsónico detrás de la onda y que el perfil de velocidades se modifica punto a punto a lo largo de la misma, esto provocará un flujo vorticoso corriente abajo. Para este caso a cada línea de flujo le corresponderá un valor diferente de Mach y el salto entrópico variará consecuentemente para cada línea de corriente.

En general, en un móvil que se desplaza en la atmósfera libre sólo se producirían choques oblicuos débiles. Esto se debe básicamente al hecho de que en la atmósfera las presiones corriente abajo no se diferencian prácticamente de las que se tienen corriente arriba por lo que las condiciones de contorno sólo permitirían la formación de ondas débiles. Se obtendrán ondas de choque fuertes en la atmósfera libre en aquellos casos en que la geometría del móvil no permite que las ondas de choque permanezcan adheridas a su superficie (configuraciones romas).

III.5. SEPARACIÓN DE UNA ONDA DE CHOQUE

Del análisis de la Ec. III.2.18 y de la Polar de Choque Oblicuo se ve que existe un valor máximo del ángulo de cuña relacionado con el Mach de la corriente libre para el cual la onda de choque puede permanecer adherida al cuerpo que la produce (obstáculo). Superado este valor máximo la onda comienza a despegarse hasta situarse a cierta distancia del cuerpo.

En condiciones propias del vuelo libre, la onda despegada siempre incluye una transición desde el choque normal al oblicuo. Esta transición implica cambios en la intensidad del choque, lo cual se traduce en la generación detrás de la onda de un flujo no isoentrópico y con valores de Mach que cambian punto a punto. Se hace notar que el flujo detrás del choque recto es subsónico y se va acelerando hasta alcanzar nuevamente velocidades supersónicas. Por su parte, el choque oblicuo continua debilitándose a tal punto que suficientemente lejos del cuerpo pasa a ser una onda de Mach.

El fenómeno descripto puede suceder tanto en cuerpos cuneiformes como en cuerpos romos (que no presentan un vértice donde la onda pueda permanecer adherida) tal como se ilustra en la Figura III.5.1.

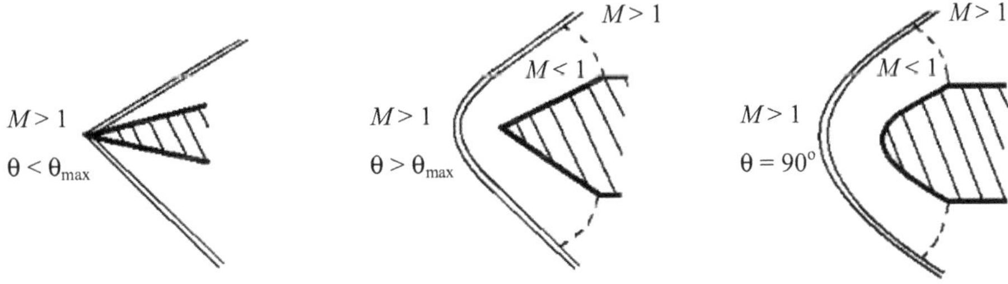

Fig. III.5.1 – Onda de choque despegada.

III.6. REFLEXIÓN DE UNA ONDA DE CHOQUE OBLICUA

Los choques oblicuos pueden reflejarse desde contornos de presión constante o bien desde contornos o paredes sólidas.

III.6.1. Reflexión Desde un Contorno de Presión Constante

Un contorno de presión constante se genera principalmente como consecuencia de una discontinuidad de velocidad. Dado que no hay flujo en la dirección perpendicular a este tipo de discontinuidad, se puede afirmar que las presiones estáticas son iguales a ambos lados de la misma. Por esta causa las discontinuidades de velocidad son también conocidas como contornos de presión constante.

En la Figura III.6.1 se muestra un ejemplo de reflexión de una onda de choque oblicua sobre un contorno de presión constante. Se sabe que la presión en la zona **2** es mayor que en la zona **1** y que $p_1 = p_4 = p_3$. Por ende $p_2 > p_3$. Esto implica que desde la zona **2** la presión debe disminuir hasta igualar a la presión en la zona **3**. Por lo tanto, de la interacción choque oblicuo-contorno de presión constante resulta la generación de un abanico de ondas de expansión. A los fines prácticos, para el cálculo de la variación de parámetros del flujo se puede considerar este proceso concentrado en una única onda tal como se muestra en la Figura III.6.1.

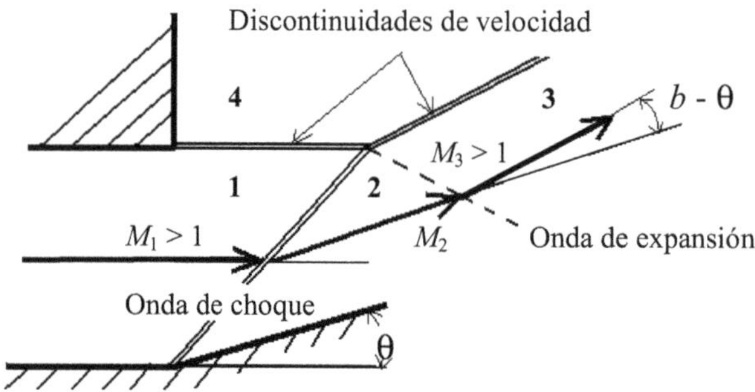

Fig. III.6.1 – Plano físico: interacción choque oblicuo-discontinuidad de velocidad.

Las variaciones de velocidad que ocurren cuando se produce la reflexión del choque oblicuo, pueden ser representadas en el plano hodógrafo utilizando la polar correspondiente al Mach M_1, el ángulo de cuña equivalente θ y el ángulo $b - \theta$ de desviación del vector velocidad inducido por el abanico de ondas de expansión (Figura III.6.2).

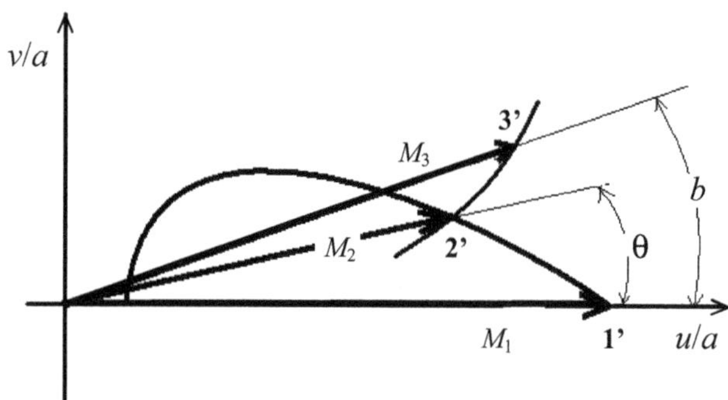

Fig. III.6.2 – Plano hodógrafo: interacción choque oblicuo-discontinuidad de velocidad.

El proceso de expansión entre las zonas **2** y **3** para flujo bidimensional será analizado detalladamente en el Cap IV aplicando la teoría de las características.

III.6.2. Reflexión Desde un Contorno Sólido

La Figura III.6.3 muestra en el plano físico como se produce la reflexión de un choque oblicuo sobre una pared o contorno sólido. Por condición de contorno se sabe que el flujo debe mantenerse paralelo a la pared en cada una de las zonas consideradas.

Se puede analizar la reflexión de una onda de choque utilizando el plano hodógrafo mostrado en la Figura III.6.4. Trazando los vectores representativos de las velocidades con los ángulos correspondientes para cada zona se aprecia que la velocidad disminuye por detrás de la onda cada vez que esta se refleja.

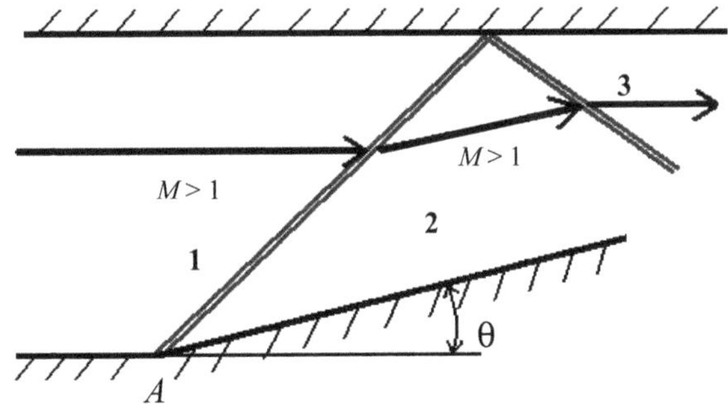

Fig. III.6.3 – Plano físico: reflexión desde un contorno sólido.

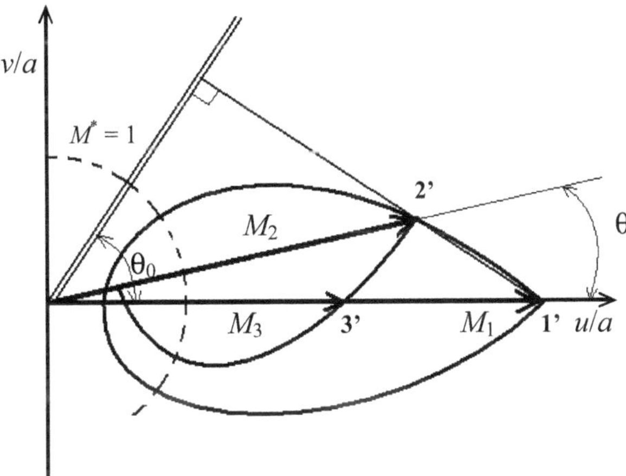

Fig. III.6.4 – Plano hodógrafo: reflexión desde un contorno sólido.

Esto es así siempre que se trate de choque débil donde el flujo por detrás del mismo mantiene valores supersónicos. En estas condiciones se puede afirmar que una onda de choque oblicua al reflejarse desde un contorno sólido preserva su carácter de onda compresiva.

III.6.3. Reflexiones Regulares e Irregulares

La forma y el número de veces que un choque oblicuo podrá reflejarse desde una pared o contorno sólido dependerán del valor del Mach del flujo incidente y del valor del ángulo de cuña equivalente que da origen a la formación de la onda inicial.

En cada reflexión la velocidad del flujo irá disminuyendo debido a las compresiones que se producen a través de las sucesivas ondas de choque oblicuas, hasta alcanzar un punto donde ya no es posible obtener una reflexión simple, dando lugar al fenómeno físico que se conoce como Reflexión Irregular o Pierna de Mach.

En la Figura III.6.5 se ha representado en el plano físico la reflexión múltiple de un choque oblicuo dentro de un conducto incluyendo la denominada Pierna de Mach que se forma cuando la velocidad de la corriente ha disminuido lo suficiente para que ya no se pueda producir una reflexión simple o regular.

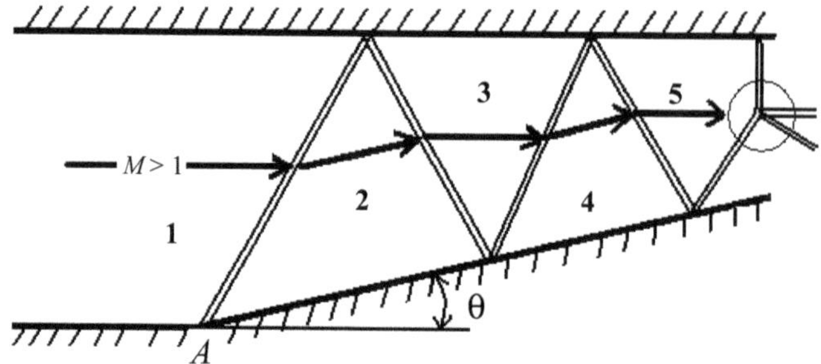

Fig. III.6.5 – Plano físico: reflexiones simples y formación de una Pierna de Mach.

Analizando las múltiples reflexiones que se muestran en la Figura III.6.5 mediante la utilización del plano hodógrafo correspondiente, es posible obtener un conjunto de polares de choque que representan el cambio de velocidades para cada zona (Figura III.6.6).

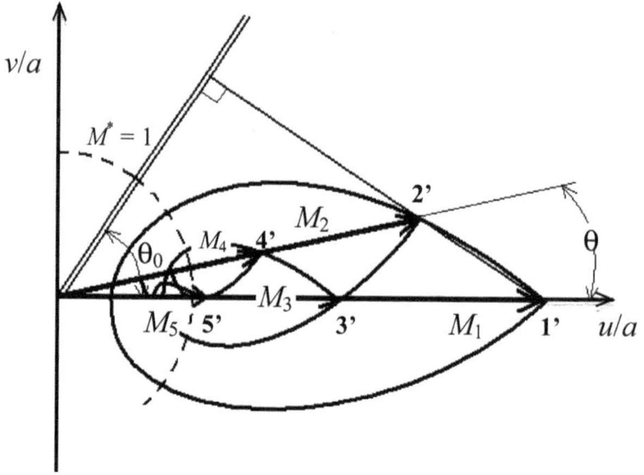

Fig. III.6.6 – Plano hodógrafo: reflexiones simples y Pierna de Mach.

Se puede notar en el plano hodógrafo de la Figura III.6.6 que se producirá una reflexión regular de la onda en tanto la polar que corresponde al valor del Mach delante de la misma intercepte a la recta correspondiente al ángulo de desviación que deberá tener el flujo para mantenerse paralelo a la pared (condición de contorno).

En el ejemplo de la Figura III.6.6 se obtienen reflexiones regulares hasta alcanzar la zona **5**. A partir de esta zona solo es posible la formación de una reflexión irregular o Pierna de Mach.

Cuando se produce una reflexión irregular, el choque oblicuo incidente se va curvando hasta transformarse en un choque normal a la superficie contorno (Fig. III.6.7). Un choque de la familia opuesta al incidente comienza a formarse a partir de cierto punto *B* localizado donde el choque oblicuo inicia su transición al normal. El choque reflejado y el de transición al normal, producen detrás de ellos un flujo rotacional y un sistema de ondas cuyo análisis excede los objetivos propuestos con esta descripción cualitativa de la reflexión irregular. Sí cabe señalar que para conseguir la misma presión y dirección después que las líneas de corriente han pasado a través de choques con intensidades y cambios de entropía diferentes y por ende, también velocidades diferentes, se requiere de la existencia de una discontinuidad en las velocidades con origen en el punto *B*.

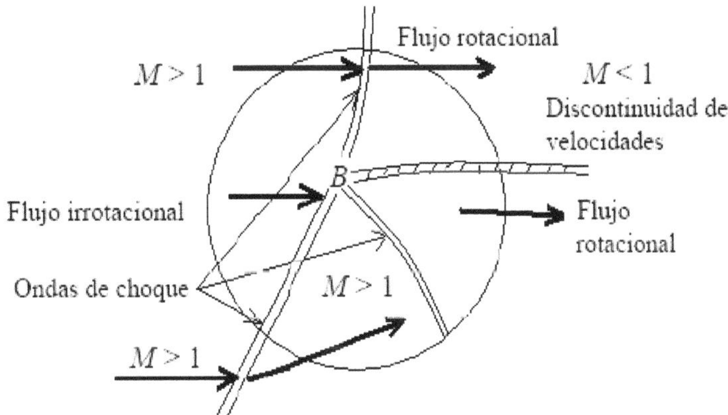

Fig. III.6.7 – Plano físico: Pierna de Mach.

III.7. INTERSECCIÓN DE ONDAS DE CHOQUE

III.7.1. Intersección de Ondas de Choque de la Misma Familia

Se produce cuando se encuentran dos choques oblicuos que se generan a partir de una doble rampa o cuña, siendo el segundo ángulo mayor que el primero. La Figura III.7.1 muestra en el plano físico las condiciones necesarias para que se produzca una intersección de ondas de este tipo.

Las ondas generadas por una geometría como la descripta se interceptan en un punto *C* que dará origen a un único choque y a una discontinuidad de velocidades.

Para que los dos choques iniciales puedan continuar en forma de una única onda esta última deberá tener una intensidad tal que permita satisfacer los requisitos de presión y velocidad correspondiente a las zonas **3** y **5**. Esto no será posible a menos que a partir del punto *C* se genere además un abanico de ondas de expansión de manera tal que se igualen las presiones estáticas a ambos lados de la discontinuidad de velocidad entre las zonas **4** y **5**.

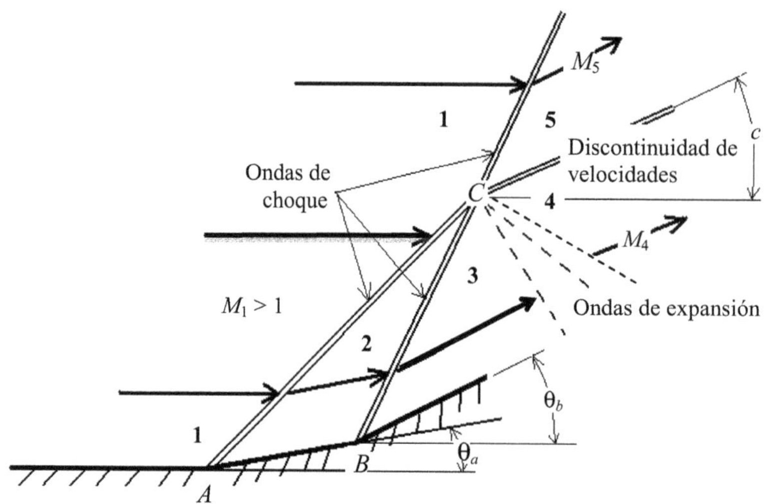

Fig. III.7.1 – Plano físico: intersección de ondas de choque de la misma familia.

El plano hodógrafo de la Figura III.7.2 permite representar la velocidad y dirección del flujo para cada una de las zonas correspondientes.

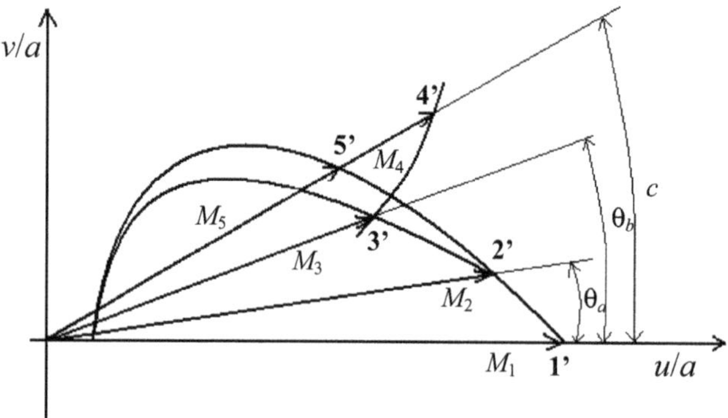

Fig. III.7.2 – Plano hodógrafo: intersección de ondas de choque de la misma familia.

Se puede apreciar que los vectores velocidad correspondientes a las zonas **4** y **5** se encuentran sobre una misma recta. El punto **5'** se encontrará sobre la polar de choque correspondiente a M_1. Por tratarse de una expansión isoentrópica, el punto **4'** se encontrará sobre la curva que describe esta expansión desde la zona **3** y que será explicada con más detalle en el Capítulo IV. El ángulo c indica la dirección del flujo resultante luego de producida la intersección de ondas.

III.7.2. Intersección de Ondas de Choque de Distinta Familia

Este tipo de fenómeno se produce cuando se cruzan dos choques oblicuos generados por sendas rampas o cuñas con ángulos diferentes ubicadas en paredes opuestas tal como se muestra en la Figura III.7.3. Cuando ambas ondas se interceptan, sus direcciones e intensidades iniciales se modifican.

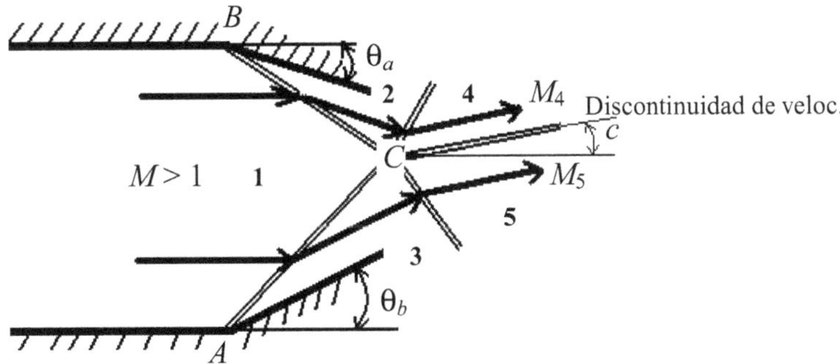

Fig. III.7.3 – Plano físico: intersección de ondas de choque de distinta familia.

Después de la intercepción, la variación de entropía resultará diferente para cada choque y los valores de presiones de estancamiento del flujo en cada caso también lo serán, razón por la cual las velocidades en las zonas **4** y **5** no podrán ser homogéneas. Esto conduce a que en el punto de intercepción C se postule la existencia de una discontinuidad de velocidad que separa el flujo en dos zonas bien definidas y posibilita un cambio en la dirección del mismo.

En la Figura III.7.4 el plano hodógrafo correspondiente al fenómeno físico mostrado en la Figura III.7.3 ha sido representado.

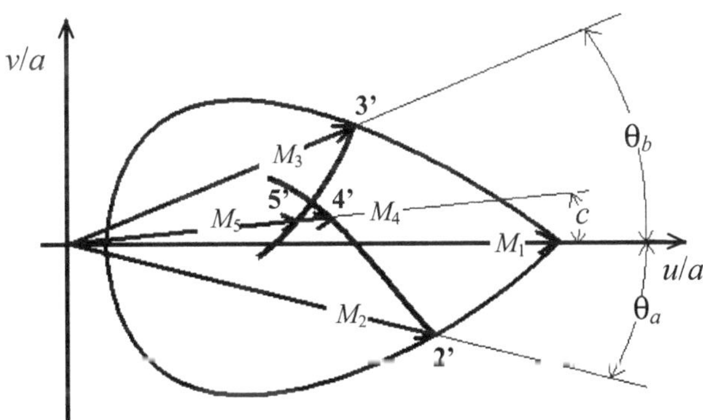

Fig. III.7.4 – Plano hodógrafo: intersección de ondas de choque de distinta familia.

Por tener las rampas o cuñas ángulos diferentes, los valores de velocidad para las zonas **4** y **5** también lo serán. Los valores de presión estática para estas zonas deberán ser iguales ($p_4 = p_5$) dado que se encuentran separadas por una discontinuidad de velocidad.

Cuando ambas cuñas tienen igual geometría (mismo ángulo de desviación del flujo), los cambios de entropía, presión de estancamiento y velocidad serán también iguales, por lo que el flujo no cambiará de dirección ni se producirá una discontinuidad de velocidad. Esta situación se encuentra representada en la Figura III.7.5 donde se muestra en el plano físico el esquema de ondas correspondiente.

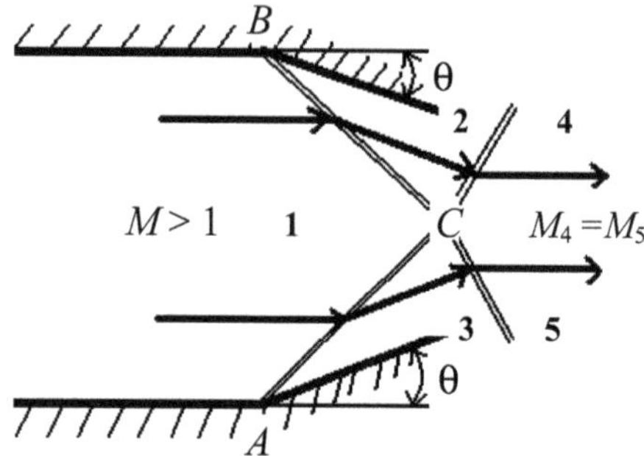

Fig. III.7.5 – Plano físico: intersección de ondas de choque de distinta familia para cuñas de igual geometría.

Al ser la variación de entropía igual para ambas ondas resulta que el vector velocidad por detrás de las ondas de choque se encuentra alineado con la dirección del flujo en la zona **1** tal como se muestra en el plano hodógrafo de la Figura III.7.6.

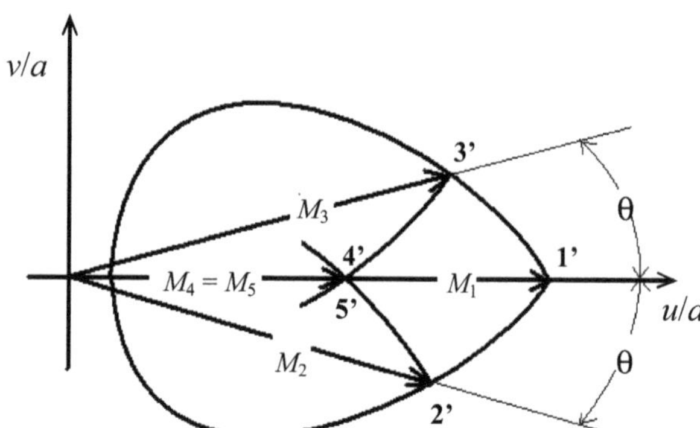

Fig. III.7.6 – Plano hodógrafo: intersección de ondas de choque de distinta familia para cuñas de igual geometría.

III.8. EJERCICIOS

1. Para el caso de la figura se pide determinar el valor del Mach en la zona **5**.

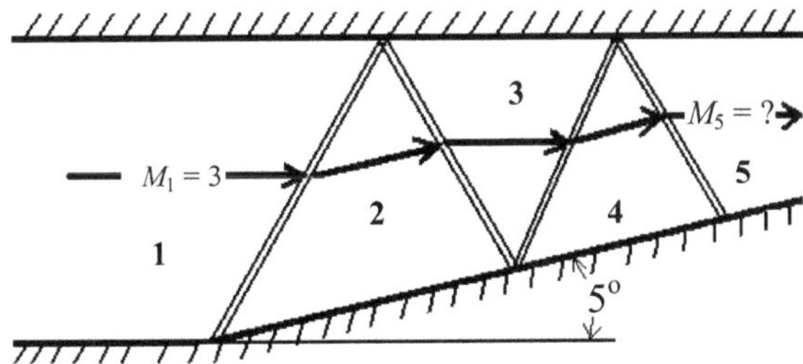

2. Para la toma de aire 2D de la figura se pide calcular el valor del Mach delante del motor.

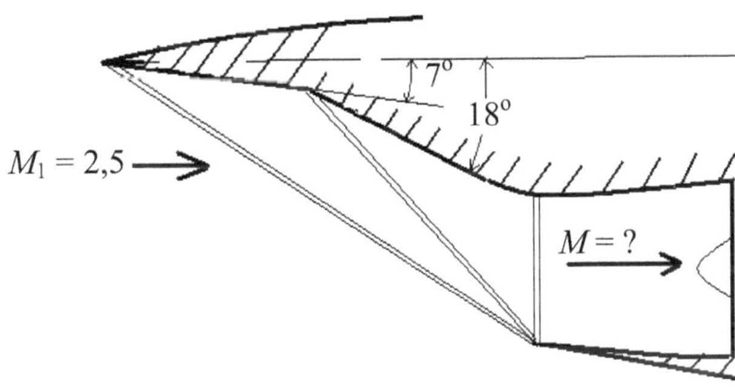

Capítulo IV

Flujo Supersónico Bidimensional

Aplicaciones de la Teoría de Características

El análisis del flujo supersónico bidimensional se realizará utilizando el método de las características (desarrollado en el Capítulo I) y se considerará que el movimiento es irrotacional (isoentrópico), estacionario y el fluido se comporta como un gas perfecto. Entre las aplicaciones en las cuales el método de las características, basado en estas hipótesis, ha sido utilizado con éxito cabe mencionar a perfiles alares supersónicos y al diseño de efusores y difusores utilizados en túneles de viento también supersónicos. Existen aplicaciones relacionadas con el diseño de sistemas propulsivos en las cuales la construcción de redes de características ha sido esencial en la búsqueda de la solución.

El método de las características puede ser desarrollado de dos maneras: primero por una extensión de la teoría linealizada en la cual se enfatizan conceptos físicos (Shapiro, 1953), y segundo, por un método matemático formal como el expuesto en el Capítulo I. Este último es más riguroso y contribuye a la adquisición de una apreciación más general del concepto de curvas características que será de gran utilidad en aplicaciones más complejas y donde las hipótesis son otras que las enunciadas previamente.

IV.1. DESARROLLO EN BASE A LA INTERPRETACIÓN GEOMÉTRICA DE LA TEORÍA LINEAL

IV.1.1. Flujo con Ondas de Una Sola Familia (Simples)

Se sabe que la solución matemática del flujo supersónico descripto por la teoría linealizada o de pequeñas perturbaciones puede interpretarse físicamente describiendo la manera en que el flujo es influenciado por una de dos familias de ondas (que se indican por los símbolos *I* y *II*), inclinadas según el ángulo de Mach respecto del vector velocidad. Por consiguiente, se requiere un método para calcular los cambios que se producen en una línea de corriente del flujo cuando esta línea cruza ondas de la familia *I* o *II*. Aquí se derivará este método mediante una construcción geométrica que enfatiza más la física del problema que los considerandos matemáticos.

Esta teoría presenta el inconveniente de no ser válida para números de Mach próximos a uno o muy elevados ($M^2 > 10$). No obstante permite calcular el comportamiento del flujo en condiciones tanto subsónicas como supersónicas cuando las variaciones del campo de movimiento se reducen a pequeñas perturbaciones.

En la interpretación geométrica de la teoría linealizada se concluye que el incremento de la velocidad debe mantenerse perpendicular a las ondas de Mach. Esto es debido a que la variación del vector velocidad es igual al gradiente del potencial de perturbación. Este gradiente resulta normal a las líneas equipotenciales siendo estas últimas coincidentes con las líneas de Mach (Shapiro, 1953).

Considérese, por ejemplo, una variación infinitesimal en las propiedades del flujo producida por el ángulo de desviación $d\theta$ que produce una onda de la familia *II* como se ilustra en la Figura IV.1.1.

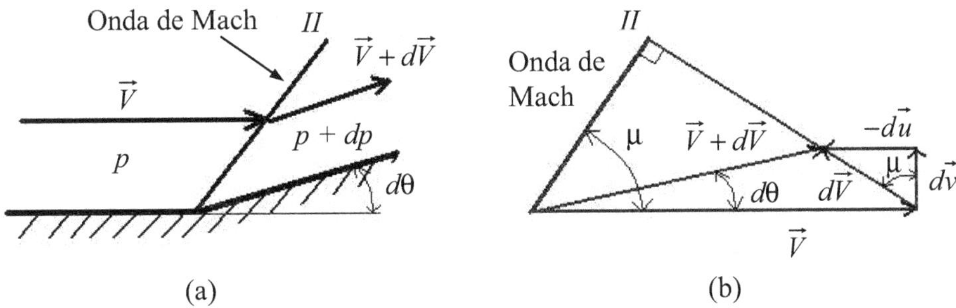

Fig. IV.1.1 – Plano físico (a) y plano hodógrafo (b) para una onda de la familia *II*.

El plano hodógrafo se construye partiendo de la regla que el vector cambio de velocidad $d\vec{V}$ producido por la onda de Mach es siempre perpendicular a la dirección de la onda (no hay variación de las propiedades físicas en la dirección paralela a la onda). De la geometría de la Figura IV.1.1 se puede notar que du es, en el límite, el incremento algebraico en la velocidad dV. Por lo tanto:

$$dv \cong V d\theta$$

$$du \cong dV \qquad \text{(IV.1.1)}$$

$$\tan\mu = -\frac{du}{dv} = \frac{1}{\sqrt{M^2-1}}$$

Siendo μ el ángulo de la onda de Mach. Nótese que la última expresión fue deducida en Tamagno *et al.*, 2008. Si se reemplaza du y dv, se obtiene:

$$\frac{1}{V}\frac{dV}{d\theta} = -\frac{1}{\sqrt{M^2-1}} \qquad \text{(IV.1.2)}$$

Teniendo en cuenta las Ecs. I.1.8 y I.3.17 de Tamagno *et al.*, 2008:

$$\frac{a^2}{a_0^2} = \frac{1}{\sqrt{1+\frac{\gamma-1}{2}M^2}} \qquad \text{(IV.1.3)}$$

$$M = \frac{V}{a}$$

la expresión diferencial que relaciona dV con dM puede expresarse como:

$$\frac{dV}{V}=\frac{dM^2}{2M^2\left(1+\frac{\gamma-1}{2}M^2\right)} \qquad \text{(IV.1.4)}$$

Reemplazando la expresión para dV/V de la Ec. IV.1.4 en la Ec. IV.1.2 y explicitando $d\theta$ se obtiene:

$$d\theta=-\frac{\sqrt{M^2-1}dM^2}{2M^2\left(1+\frac{\gamma-1}{2}M^2\right)} \qquad \text{(IV.1.5)}$$

La integración de esta ecuación conduce a:

$$\theta=-\sqrt{\frac{\gamma+1}{\gamma-1}}\arctan\sqrt{\frac{\gamma-1}{\gamma+1}\left(M^2-1\right)}+\arctan\sqrt{M^2-1}+C \qquad \text{(IV.1.6a)}$$

que se escribe:

$$\theta=-\omega(M)+C \qquad \text{(IV.1.6b)}$$

En la Ec. IV.1.6a es conveniente reemplazar M por M^* ($M^* = V/a^*$) puesto que M^* tiende a un valor finito cuando $M\rightarrow\infty$. Se puede escribir:

$$\theta_I=-\omega(M^*)+2I-1000 \qquad \text{(IV.1.7)}$$

donde la constante de integración es $2I$ – 1000. El subíndice I en el símbolo θ de la ecuación anterior significa que, en el proceso, el valor de la familia de ondas I se mantiene constante y los cambios en las propiedades del flujo se producen cuando una línea de corriente cruza ondas de Mach de la familia II. La función ω se denomina **función característica hodógrafa** y viene dada por las siguientes expresiones:

$$\omega(M^*)=\sqrt{\frac{\gamma+1}{\gamma-1}}\arctan\sqrt{\frac{M^{*2}-1}{\frac{\gamma+1}{\gamma-1}-M^{*2}}}-\arctan\sqrt{\frac{M^{*2}-1}{1-\frac{\gamma-1}{\gamma+1}M^{*2}}} \qquad \text{(IV.1.8a)}$$

$$\omega(M)=\sqrt{\frac{\gamma+1}{\gamma-1}}\arctan\sqrt{\frac{\gamma-1}{\gamma+1}\left(M^2-1\right)}-\arctan\sqrt{M^2-1} \qquad \text{(IV.1.8b)}$$

La constante de integración estará determinada por los valores iniciales de θ y M^*.

Cuando, en el proceso gasdinámico, el valor de la familia de ondas de Mach II se mantiene constante y los cambios ocurren cuando una línea de corriente cruza ondas de Mach de la familia I, la solución se escribe:

$$\theta_{II} = \omega(M^*) + 2II - 1000 \qquad \text{(IV.1.9)}$$

que es la ecuación aplicable a flujo con ondas derechas o de la familia *I* en el plano físico. La conveniencia de la nomenclatura utilizada se verá más adelante cuando flujos con ondas de ambas familias sean analizados.

En la Figura IV.1.2 se ha representado la función característica hodógrafa en función de M^*. El máximo valor de M^* que corresponde a $M = \infty$ es:

$$M^*_{\max} = \sqrt{\frac{\gamma+1}{\gamma-1}} = \sqrt{6} = 2{,}45$$

y el valor que adquiere la función ω para este valor límite es 130,5º.

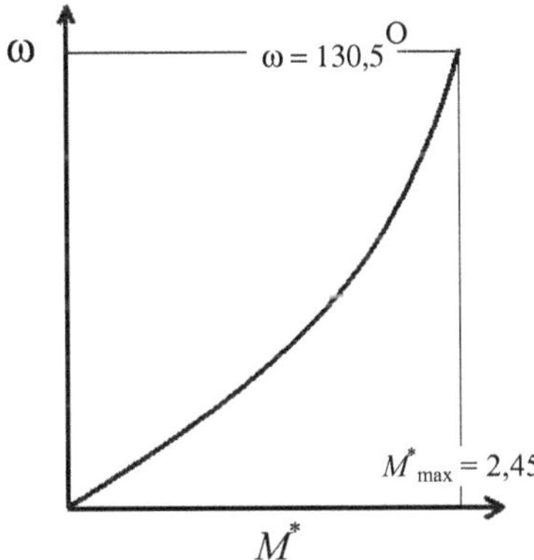

Fig. IV.1.2 – Función característica hodógrafa en función de M^*.

IV.1.2. Diagrama de Características Hodógrafas

Si se dividen las componentes de las velocidades *u* y *v* del diagrama hodógrafo por a^*, se obtiene un sistema de coordenadas polares adimensionales M^* y θ. Las Ecs. IV.1.7 y IV.1.9 representan dos familias de curvas, cada una identificada por un valor de las constantes *I* ó *II* tal como se muestra en la Figura IV.1.3.

Estas curvas, llamadas curvas características hodógrafas, son epicicloides y se construyen por la traza del punto de contacto inicial de una circunferencia cuyo diámetro está dado por:

$$D = \sqrt{\frac{\gamma+1}{\gamma-1}} - 1 = M^*_{\max} - M^*_{\min}$$

y rueda sin resbalar sobre otra circunferencia de radio $M^* = 1$ (Shapiro, 1953).

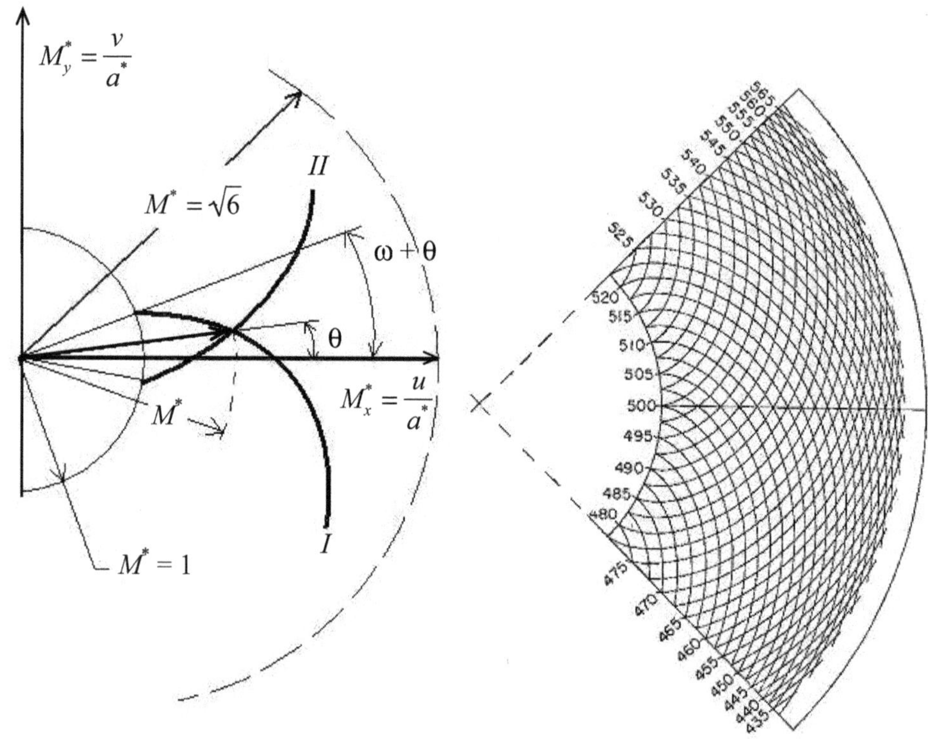

Fig. IV.1.3 – Curvas características hodógrafas (Shapiro, 1953).

IV.1.3. Ejemplos de Flujos de Ondas Simples

Se denominan flujos de ondas simples a aquellos flujos que para su descripción solo se requieren ondas de una misma familia.

Considérese la expansión que se produce sobre una pared curva en dos dimensiones discretizada por segmentos de recta sobre la cual se han indicado las ondas de Mach para los puntos *a*, *b*, *c*, y *d* tal como se muestra en las Figuras IV.1.4 y IV.1.5.

En el plano físico [Figura IV.1.4(a)], se individualizan las ondas (de Mach) de la familia *II*, originadas por la desviación de las líneas de corriente que deben adaptarse al contorno discretizado por segmentos rectilíneos. En la representación correspondiente en el plano hodógrafo [Figura IV.1.4(b)], los puntos *a'*, *b'*, *c'* y *d'* se encontrarán sobre una única curva característica de la familia *I*. Esto es debido a que las pendientes de las características físicas y hodógrafas de distinta familia son perpendiculares entre si tal como se demostró en el Capítulo I, Ec. I.5.11.

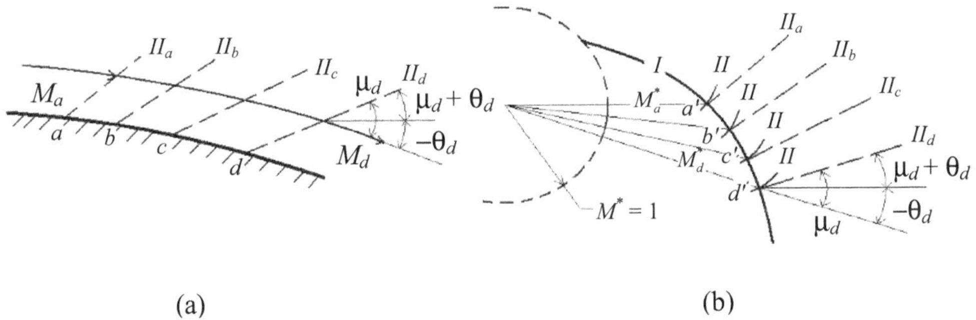

Fig. IV.1.4 – Ejemplo 1: plano físico (a); plano hodógrafo (b).

En el plano físico de la Figura IV.1.5(a) se tienen ondas de la familia *I* por lo que los puntos *a'*, *b'*, *c'* y *d'* se encontrarán sobre la curva característica correspondiente de la familia *II* en el plano hodógrafo [Figura IV.1.5(b)]. Para flujo de ondas simples de la familia *I*, la onda de Mach en un punto dado del plano físico es normal a la característica hodógrafa de la familia *II* en el punto correspondiente del plano hodógrafo.

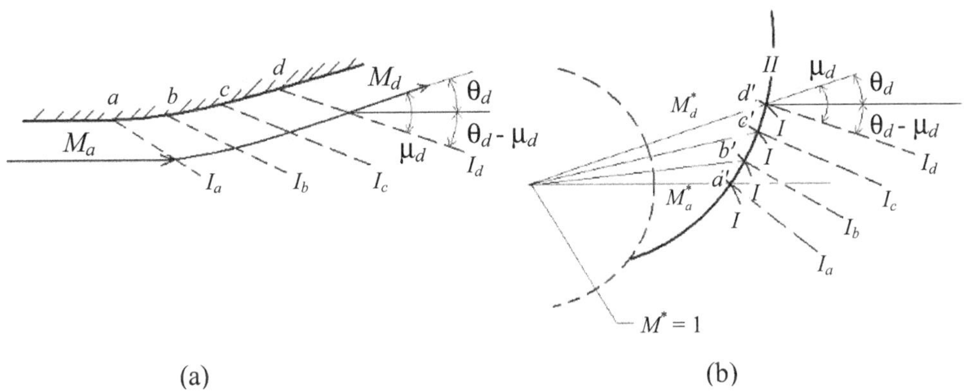

Fig. IV.1.5 – Ejemplo 2: plano físico (a); plano hodógrafo (b).

En ambos casos se ha indicado los ángulos de Mach μ_d, de inclinación del flujo θ_d y el ángulo que forma la onda de Mach con la horizontal $\mu_d - \theta_d$ en el punto *d*.

De igual forma se pueden representar los planos físicos y hodógrafos correspondientes para una compresión del flujo sobre una pared curvada ya sea con ondas de la familia *I* ó *II*.

IV.1.4. Flujo con Ondas Simples y Expansión Completa

Se puede analizar el flujo correspondiente a una expansión completa desde el valor inicial de Mach ($M_1 = 1$), hasta un valor final de Mach infinito (Figura IV.1.6).

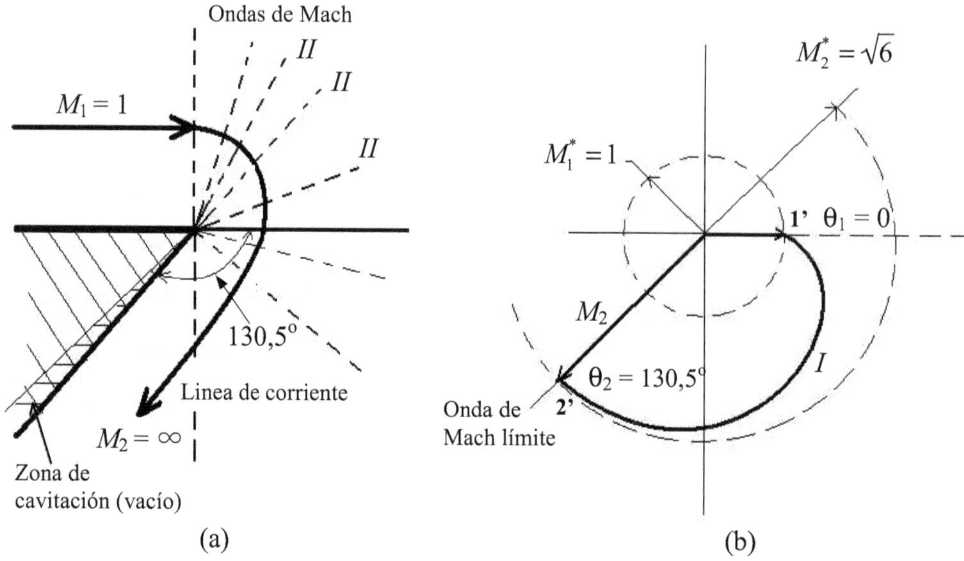

Fig. IV.1.6 – Flujo de ondas simples completo: plano físico (a); plano hodógrafo (b).

Para $M_1 = 1$ (inicial) corresponde $M_1^* = 1, \omega_1 = 0°$ y $\mu_1 = 90°$ (ver Apéndice C, Tabla C.1). Para $M_2 = \infty$ corresponde $M_2^* = \sqrt{6}, \omega_2 = 130{,}5°$ y $\mu_2 = 0°$ lo que significa que la onda de Mach coincide con la dirección del vector velocidad.

De la Ec. IV.1.7:

$$\theta_1 = -\omega_1 + 2I_1 - 1000 \; (M_1 = 1)$$

$$\theta_2 = -\omega_2 + 2I_2 - 1000 \; (M_2 = \infty)$$

Como $I_1 = I_2$:

$$\theta_2 - \theta_1 = -(\omega_2 - \omega_1) = -130{,}5°$$

Habida cuenta que $\omega_1 = 0$ para $M_1 = 1$ y $\omega_2 = 130{,}5°$ para $M_2 \to \infty$ ($M_2^* = \sqrt{6}$) se verifica que el valor máximo del ángulo de deflexión del flujo es de 130,5°.

Cuando $M_2 \to \infty$, la presión se hace nula y se produce una expansión completa del flujo, de modo que si el ángulo θ_2 fuese mayor a 130,5° habría una zona de vacío o cavitación adyacente a la pared. Si se mueve la pared hasta la línea de trazo fino tal como se muestra en la Figura IV.1.6, la zona comprendida entre esta línea y la línea de trazo grueso será una zona de cavitación.

Esta es una concepción teórica, ya que a presiones muy bajas la hipótesis de un medio continuo (base del estudio de la dinámica de los gases que aquí se realiza) ya no es válida.

IV.1.5. Flujo con Ondas de Ambas Familias

Cuando ondas de las familias *I* y *II* están presentes no es posible, en general, obtener una solución analítica. No obstante, se puede utilizar un método de pasos sucesivos cuya concepción surge de las propiedades del flujo supersónico: todos los parámetros físicos que lo caracterizan se propagan según las líneas de Mach. En consecuencia y a los efectos de realizar los cálculos, se puede imaginar al plano físico del flujo dividido en muchas regiones pequeñas (campos) y en cada una de ellas la magnitud de la velocidad y su dirección, la presión, etc., son constantes.

Supóngase dos de esos campos adyacentes y con propiedades gas-dinámicas diferentes, pero no tanto que invaliden los conceptos teóricos aquí desarrollados y aplicados a los cambios que pueden producirse en las propiedades del flujo cuando una línea de corriente pasa desde un campo al otro. La teoría demuestra que los cambios en dichas propiedades ocurren cuando la línea de corriente cruza una línea de Mach, sea ésta de la familia *I* o de la *II*, por lo tanto, se puede asimilar a cada campo como un cuadrilátero limitado por líneas de Mach o contornos físicos (paredes fijas y/o discontinuidades). No todos son cuadriláteros sino que también pueden existir campos triangulares. Entonces, problemas prácticos podrán ser solucionados construyendo cuadriláteros o triángulos de ondas compatibles con las condiciones de contorno como se muestra en la Figura IV.1.7.

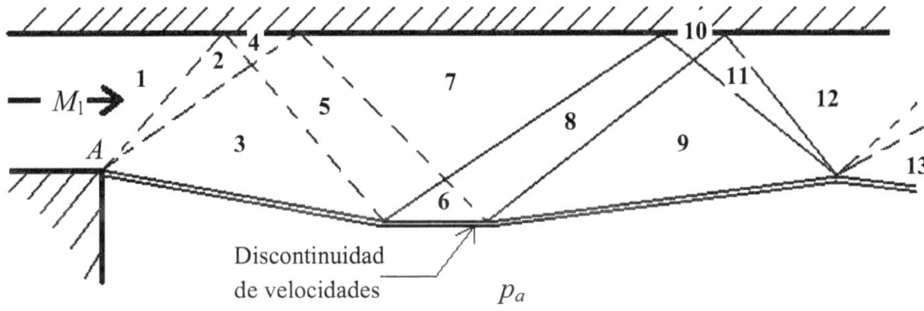

Fig. IV.1.7 – Flujo con ondas de ambas familias: plano físico.

Al diagrama de ondas en el plano físico (Figura IV.1.7) le corresponde el diagrama de características hodógrafas de la Figura IV.1.8.

Nótese que a cada zona del plano físico le corresponde un punto en el plano hodógrafo. Cada punto en el plano de las funciones se identifica por un par de valores correspondientes a los parámetros *I* y *II*. Estos valores desempeñan la función de coordenadas curvilíneas del diagrama hodógrafo y se denominan **coordenadas características**.

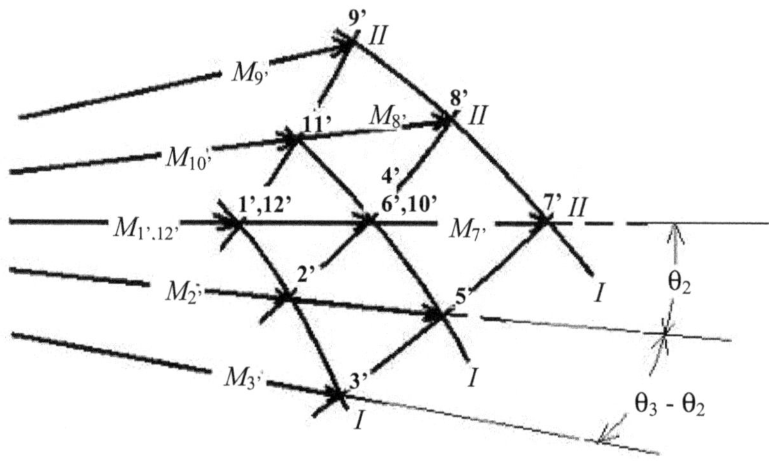

Fig. IV.1.8 – Flujo con ondas de ambas familias: plano hodógrafo.

Para relacionar las coordenadas hodógrafas I y II con las coordenadas físicas θ y ω se utilizan las las Ecs. IV.1.7 y IV.1.9:

$$2I = \theta + \omega + 1000$$

$$2II = \theta - \omega + 1000$$

Sumando y restando ambas ecuaciones se consigue:

$$\theta = I + II - 1000 \qquad \text{(IV.1.10)}$$

$$\omega = I - II \qquad \text{(IV.1.11)}$$

Se supone que las condiciones iniciales en la zona **1** (M_1, θ_1, ω_1, p_{01} y T_{01}) son datos. Al flujo supersónico de dicha zona, le corresponden las coordenadas características I_1 y II_1, que se calculan aplicando las Ecs. IV.1.10 y IV.1.11. Dado que las líneas de corriente pasan de la zona **1** a la zona **3** atravesando líneas de Mach de la familia II en el plano físico, se puede determinar que los puntos **1'**, **2'** y **3'** del plano hodógrafo que representan a las zonas **1**, **2** y **3** del plano físico se encontrarán sobre la misma coordenada característica I_i ($I_1 = I_2 = I_3$) tal como se muestra en la Figura IV.1.8. En el plano hodógrafo los vectores representativos del Mach para las zonas **2** y **3** se hacen mayores a medida que se inclinan hacia abajo dando origen a un abanico de ondas de expansión centrado en el punto A de la Figura IV.1.7. El valor del Mach en la zona **3** (M_3) puede ser calculado fácilmente sabiendo que la presión estática (p_3) en esta zona debe ser igual, por condición de contorno, a la presión ambiente p_a. Esta igualdad de presiones impide que exista flujo entre ambas zonas generándose así una discontinuidad de velocidades entre las mismas.

Por otra parte se sabe que por tratarse de una expansión isoentrópica la presión de estancamiento p_0 se mantiene constante para todo el campo de movimiento por lo que p_{01} debe ser igual a p_{03}. Luego, el Mach en la zona **3** se obtiene a partir de la relación p_3/p_{03} para flujo isoentrópico. De esta forma conocidos los valores de M_3, ω_3 y I_3 se pueden calcular los valores de II_3 y θ_3.

Al pasar de la zona **2** a la zona **4** las líneas de corriente atraviesan una línea de Mach de la familia *I* en el plano físico por lo que el punto **4'** en el plano hodógrafo se encontrará donde la curva característica II_4 (que por analogía con el caso anterior debe ser igual a la coordenada característica II_2) corta al eje horizontal. Esto se debe a que, por condición de contorno, el flujo debe permanecer paralelo a la pared en esta zona y por lo tanto la dirección del flujo es un dato conocido ($\theta_4 = 0°$). De esta manera, conociendo los valores de II_4 y θ_4 se pueden calcular ω_4, M_4 y I_4 y determinar las condiciones del flujo en la zona **4**.

Los parámetros que determinan las condiciones del flujo en la zona **5** se obtienen sabiendo que las líneas de corriente llegan a esta zona provenientes de la zona **3** pasando a través de una línea de Mach de la familia *I*. Esto significa que la curva característica II_3 será igual a la curva característica II_5. A su vez llegan líneas de corriente provenientes de la zona **4** a esta misma zona atravesando una línea de Mach de la familia *II*, por lo que se puede asumir que $I_4 = I_5$. Conocidos los valores de las coordenadas características I_5 y II_5, por valores ya calculados de II_3 y I_4, se pueden obtener los valores de ω_5, M_5 y θ_5 empleando las Ecs. IV.1.10 y IV.1.11.

Por último se calculan los parámetros de la zona **6**. Las líneas de corriente alcanzan esta zona provenientes de la zona **5** atravesando una línea de Mach de la familia *II* por lo que se tiene en el plano hodógrafo que $I_5 = I_6$. La presión en la zona **6** debe ser igual a la presión ambiente debido a que ambas presiones se encuentran a cada lado de la discontinuidad de velocidades. El análisis realizado para la zona **3** en principio también sería aplicable para la zona **6**.

Si se observa la representación de las ondas de ambas familias realizada en la Fig.. IV.1.8, se deduce que el paso desde la zona **5** a la **6** se efectúa a través de una onda de compresión ($M_6 < M_5$) y por lo tanto, si se pretende ser riguroso, dicho paso no podría ser considerado como isoentrópico. La intensidad de la onda de compresión está dada en este caso, por el parámetro $P = p_6/p_5 - 1$. Si la onda es debil: $P \sim \varepsilon$ siendo $\varepsilon << 1$. Para compresiones débiles se puede demostrar (Tamagno *et al.*, 2008) que el incremento de entropia es de tercer orden respecto de la intensidad de la onda. Esto conduce a que la irreversibilidad asociada con compresiones débiles pueda no ser tenida en cuenta y las relaciones isoentrópicas ser utilizadas para conectar estados ubicados de un lado y del otro de las ondas de compresión. Para el caso particular aquí considerado, también se puede aproximar la solución mediante un método iterativo basado en la suposición de valores para el ángulo de desviación θ hasta que la presión en la zona **6** iguale a la presión ambiente p_a

Obsérvese que las ondas de expansión incidentes sobre una pared sólida son reflejadas desde la misma también como ondas de expansión. Por otra parte, las ondas de expansión que arriban a una zona de presión constante (o de discontinuidad en velocidades) son reflejadas como ondas de compresión.

Para encontrar la solución analítica para cada zona se deberán conocer al menos dos parámetros (datos) para resolver el campo de movimiento ya que sólo se dispone de un sistema formado por las Ecs. IV.1.10 y IV.1.11. Este sistema admite solamente dos incógnitas.

Se deja para el lector el cálculo de las zonas restantes (desde **7** a **13**) ya que el mismo puede hacerse utilizando como referencia los pasos explicados en detalle para las zonas **1** a **6** ya indicadas.

IV.2. DESARROLLO EN BASE A LA TEORÍA DE LAS CARACTERÍSTICAS

La teoría de las curvas características presentada en el Capítulo I permite describir el comportamiento de un flujo de gases supersónico, estacionario e irrotacional en dos dimensiones. Las curvas características en el plano de las variables independientes o plano físico son definidas por dos ecuaciones diferenciales (Ecs. I.5.8) del tipo:

$$\left.\frac{dy}{dx}\right|_{I,II} = \frac{uv \pm a^2\sqrt{(u^2+v^2)-1}}{u^2-a^2} = \lambda_{I,II} \qquad \text{(IV.2.1)}$$

En la Figura IV.2.1(a) se muestra que las curvas características I y II tienen la inclinación de las ondas de Mach respecto al vector velocidad en cada punto del plano físico. Analíticamente quedó demostrado también en el Capítulo I (Ec. I.5.11) que en el plano hodógrafo las características opuestas son normales a las características físicas, tal como se muestra en la Figura IV.2.1.

En la Figura IV.2.1 se hace notar además que las pendientes λ de las características I y II están dadas por las expresiones:

$$\begin{aligned} \lambda_I &= \tan(\theta-\mu) \\ \lambda_{II} &= \tan(\theta+\mu) \end{aligned} \qquad \text{(IV.2.2)}$$

donde θ es el argumento del vector velocidad $\vec{V}$ y μ es el ángulo que hacen las características con el vector velocidad. De hecho:

$$\tan\mu = \frac{1}{\sqrt{M^2-1}} \qquad \text{(IV.2.3)}$$

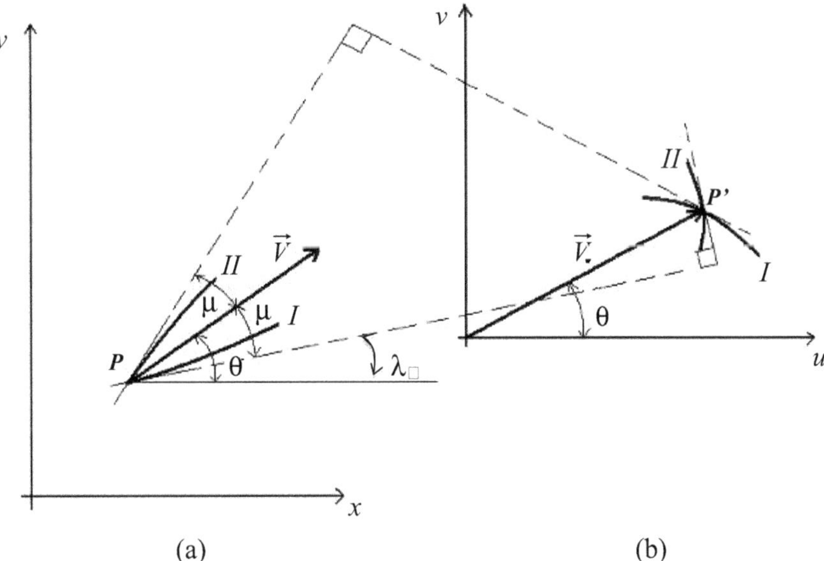

Fig. IV.2.1 – Curvas características: (a) plano físico; (b) plano hodógrafo.

La Ec. I.5.6 define el valor de las pendientes de dos curvas características en cada punto del plano físico. Las pendientes correspondientes al par de curvas características hodógrafas se definen análogamente por la expresión:

$$\left(\frac{dv}{du}\right)_{I,II} = \frac{uv \pm a\sqrt{u^2 + v^2 - a^2}}{a^2 - v^2} \tag{IV.2.4}$$

Dividiendo numerador y denominador por a^2:

$$\left(\frac{dv}{du}\right)_{I,II} = \frac{\frac{uv}{a^2} \pm \sqrt{\frac{u^2 + v^2}{a^2} - 1}}{1 - \frac{v^2}{a^2}}$$

Se introduce el siguiente cambio de variables (coordenadas polares):

$$u = V\cos\theta$$

$$v = V\,\text{sen}\theta$$

$$du = -V\,\text{sen}\theta d\theta + \cos\theta dV$$

$$dv = V\cos\theta d\theta + \text{sen}\theta dV$$

Reemplazando u, v, du y dv en la expresión anterior, las características hodógrafas se transforman en:

$$\frac{1}{V}\left(\frac{dV}{d\theta}\right)_{I,II} = -/+\frac{1}{\sqrt{M^2-1}}$$

$$\frac{dV}{V} = -/+\frac{(d\theta)_{I,II}}{\sqrt{M^2-1}} \qquad \text{(IV.2.5)}$$

Esta expresión es idéntica a la obtenida en base a la extensión de la interpretación geométrica (Ec. IV.1.2). De esta última expresión se deduce que la pendiente de las características hodógrafas no es constante, si no que depende del Mach local (Figura IV.2.2).

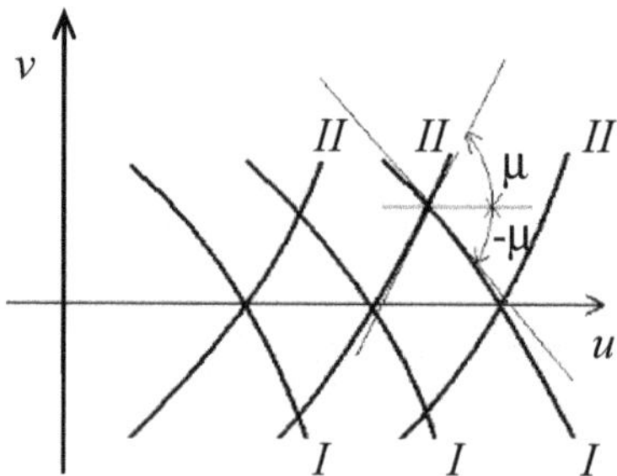

Fig. IV.2.2 – Teoría exacta.

Expresando dV/V en función de M:

$$V = Ma = M\frac{a}{a_0}a_0 = M\sqrt{\frac{T}{T_0}}a_0 = M\left(1+\frac{\gamma-1}{2}M^2\right)^{-1/2}a_0$$

Tomando logaritmos:

$$\ln V = \ln M - \frac{1}{2}\ln\left(1+\frac{\gamma-1}{2}M^2\right) + \ln a_0$$

Derivando:

$$\frac{dV}{V} = \frac{dM}{M} - \frac{1}{2}\frac{M^2}{\left(1+\frac{\gamma-1}{2}M^2\right)}\frac{\gamma-1}{2}2\frac{dM}{M} = \frac{dM}{M}\frac{1}{\left(1+\frac{\gamma-1}{2}M^2\right)}$$

$$\frac{dV}{V} = \frac{1}{\left(1+\frac{\gamma-1}{2}M^2\right)}\frac{1}{2}\frac{dM^2}{M^2}$$

Reemplazando esta expresión en la Ec. IV.2.5:

$$(d\theta)_{I,II} = \mp\frac{dV}{V}\sqrt{M^2-1} = \mp\frac{\sqrt{M^2-1}}{\left(1+\frac{\gamma-1}{2}M^2\right)}\frac{1}{2}\frac{dM^2}{M^2}$$

Integrando:

$$\theta_{I,II} = \mp\left[\sqrt{\frac{\gamma+1}{\gamma-1}}\arctan\sqrt{\frac{\gamma-1}{\gamma+1}+(M^2-1)} - \arctan\sqrt{M^2-1}\right] + \delta_{I,II}$$

Es conveniente introducir M^*:

$$M^2 = \frac{\left(\frac{2}{\gamma+1}\right)M^{*2}}{1-\left(\frac{\gamma-1}{\gamma+1}\right)M^{*2}}$$

Así se obtiene la característica hodógrafa:

$$\theta_{I,II} = \mp\omega(M^*) + \delta_{I,II} \qquad \text{(IV.2.6)}$$

donde la función característica hodógrafa es dada por:

$$\omega(M^*) = \sqrt{\frac{\gamma+1}{\gamma-1}}\arctan\sqrt{\frac{M^{*2}-1}{\frac{\gamma+1}{\gamma-1}-M^{*2}}} - \arctan\sqrt{\frac{M^{*2}-1}{1-\frac{\gamma-1}{\gamma+1}M^{*2}}} \qquad \text{(IV.2.7)}$$

La función ω queda definida por γ y M^* tal como fue visto en la Ec. IV.1.8.

Las características físicas permanecen como ecuación diferencial (ver Ecs. IV.2.1 y IV.2.2):

$$\left(\frac{dy}{dx}\right)_{I,II} = \tan(\theta \mp \mu) \qquad \text{(IV.2.8)}$$

Para los cálculos conviene hacer:

$$\begin{aligned} \theta_I &= -\omega(M^*) + 2I - 1000, & \delta_I &= 2I - 1000 \\ \theta_{II} &= +\omega(M^*) + 2II - 1000, & \delta_{II} &= 2II - 1000 \end{aligned} \qquad \text{(IV.2.9)}$$

En el plano de intersección: $\theta_I = \theta_{II}$ (argumento de $\vec{V}$), luego igualando las Ecs. IV.2.9:

$$\omega = I - II \qquad \text{(IV.2.10)}$$

que es la Ec. IV.1.11 deducida por extensión de la teoría linealizada. Reemplazando este valor en la primera de las Ecs. IV.2.9:

$$\theta = I + II - 1000 \qquad \text{(IV.2.11)}$$

Se encuentra entonces la Ec. IV.1.10 y se muestra que ambos desarrollos llevan al mismo sistema de ecuaciones.

Por lo tanto en el punto de intersección de las características I y II se cumplen las Ecs. IV.2.10 y IV.2.11. Para que este sistema de dos ecuaciones tenga solución, no deberá presentar más de dos incógnitas. Los valores límites son:

$$M = 1 \;\rightarrow\; M^* = 1 \;\rightarrow\; \omega = 0$$

$$M = \infty \;\rightarrow\; M^* = \sqrt{\frac{\gamma+1}{\gamma-1}} \;\rightarrow\; \omega = 130{,}5^\circ$$

Estos valores corresponden, como ya se viera, a una expansión completa para flujo de onda simple.

IV.2.1. Aplicación de la Teoría Exacta para la Resolución de Procesos de Expansión

El Método de las Características permite calcular la velocidad y/o la dirección del flujo cuando este se expande de manera isoentrópica. Se analizará a continuación un caso de ejemplo donde las condiciones iniciales de velocidad y dirección del flujo (indicadas con el subíndice 1) son datos conocidos como así también el ángulo de deflexión final de la corriente tal como se muestra en la Figura IV.2.3.

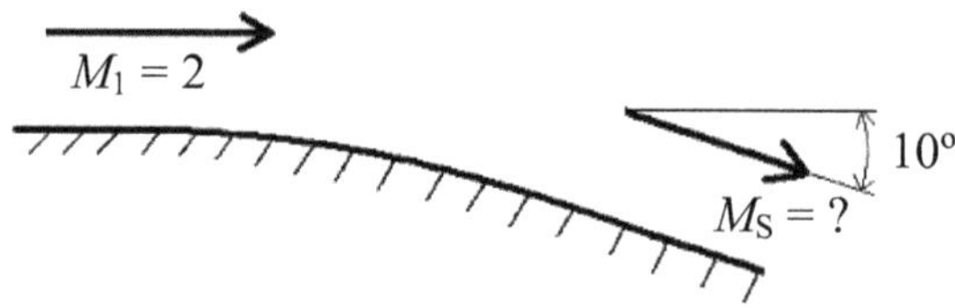

Fig. IV.2.3 – Datos: Mach inicial y desviación del flujo. Incognita: Mach final.

Para hallar la variación de la velocidad se debe como primer paso efectuar una discretización de la geometría de la pared que provoca la desviación del flujo. Si bien el proceso es continuo en el plano físico, la discretización de la geometría permite encontrar valores puntuales de la velocidad en función del ángulo girado por el flujo en cada segmento. Para este caso particular se han considerado cinco segmentos con un incremento de -2° de inclinación entre cada uno de ellos tal como muestra la Figura IV.2.4. Este es un caso típico de onda simple por existir en el plano físico únicamente ondas de la familia *II*.

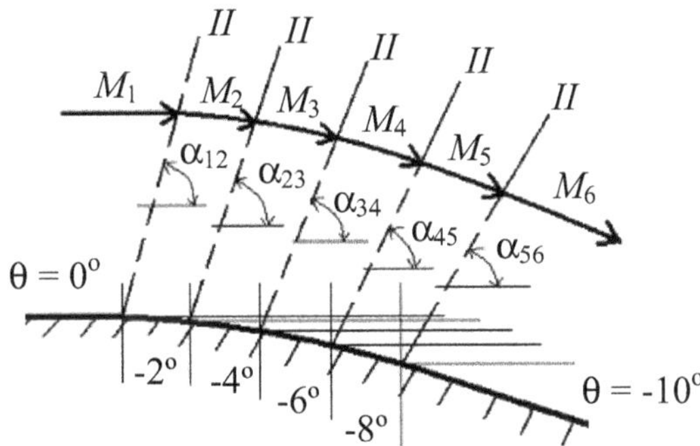

Fig. IV.2.4 – Problema discretizado: plano físico.

Las pendientes de las caracteríticas físicas para cada zona pueden ser determinadas a partir de los ángulos μ y θ (Ec. IV.2.8). Para el caso que ilustra la Figura IV.2.4, las características físicas son de la familia *II*, por lo tanto:

$$\lambda_{II} = \left(\frac{dy}{dx}\right)_{II} = \tan(\theta + \mu)$$

donde θ es dato y $\mu = \arctan\frac{1}{\sqrt{M^2 - 1}}$.

Las pendientes de las caracteristicas indicadas en la Figura IV.2.4 por los ángulos α_{ij} se calculan como el promedio de las pendientes de las zonas adyacentes a partir de la ecuación siguiente:

$$\alpha_{ij} = \lambda_{II_{ij}} = \frac{(\theta+\mu)_i + (\theta+\mu)_j}{2}$$

La representación del problema en el plano de las funciones (plano hodógrafo) permite encontrar la solución de manera gráfica tal como se muestra en la Figura IV.2.5.

En el plano físico el flujo pasa de la zona **1** a la zona **6** cruzando ondas de la familia *II*. En el plano hodógrafo los vectores velocidad para cada segmento se encontrarán representados a lo largo de la caracteristica *I*, de manera tal que a cada zona del plano físico le corresponderá un punto en el plano hodógrafo.

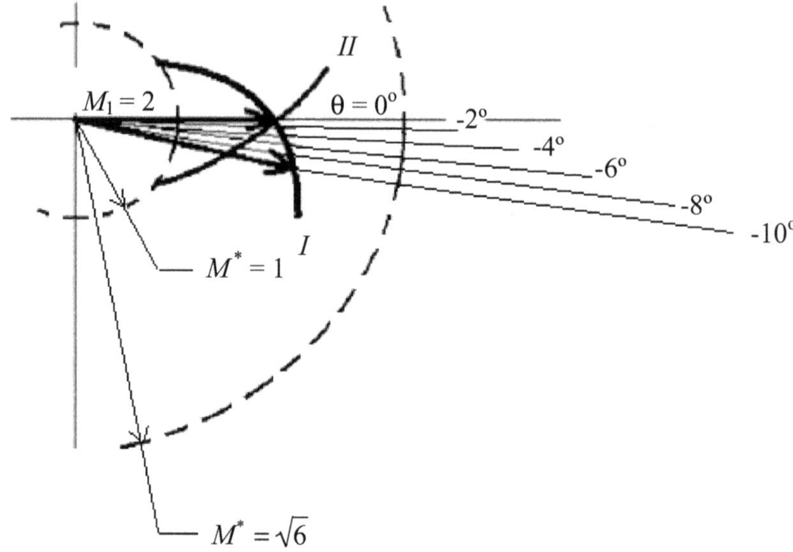

Fig. IV.2.5 – Plano Hodógrafo.

La solución analítica para cada zona se calcula de la siguiente forma.

Zona 1:

Datos:

$M_1 = 2$ $\quad$ $\theta_1 = 0^{\circ}$ $\rightarrow$ Tabla C.1 (Apéndice C) o Ec. IV.1.8 $\rightarrow$ $\omega_1 = 26{,}38$ $\quad$ $\mu_1 = 30{,}0$

Se plantea el sistemas de dos ecuaciones IV.2.10 y IV.2.11 con dos incognitas para las condiciones iniciales.

$$\theta_1 = I_1 + II_1 - 1000$$

$$\omega_1 = I_1 - II_1$$

Resolviendo para *I* y *II* se obtiene:

$$I_1 = 513{,}19$$

$$II_1 = 486{,}81$$

En el plano físico se pasa de la zona **1** a la zona **2** cruzando una onda de la familia *II*. Por lo tanto en el plano hodógrafo se debe mover por una caracteristica *I* (condición de ortogonalidad).

<u>**Zona 2:**</u>

$$\theta_2 = I_2 + II_2 - 1000$$

$$\omega_2 = I_2 - II_2$$

donde

$$I_1 = I_2 = 513{,}19$$

$$\theta_2 = -2^{\circ}$$

Resolviendo el sistema para ω_2 y II_2 se consigue:

$$\omega_2 = 28{,}38 \quad \rightarrow \quad M_2 = 2{,}074 \quad \rightarrow \quad \mu_2 = 28{,}82$$

$$II_2 = 484{,}81$$

<u>**Zona 3:**</u>

$$\theta_3 = I_3 + II_3 - 1000$$

$$\omega_3 = I_3 - II_3$$

Datos:

$$I_1 = I_2 = I_3 = 513{,}19$$
$$\theta_3 = -4^{\circ}$$

La solución del sistema en la zona 3 es:

$$\omega_3 = 30{,}38 \quad \rightarrow \quad M_3 = 2{,}148 \quad \rightarrow \quad \mu_3 = 27{,}74$$
$$II_3 = 482{,}81$$

Procediendo de manera análoga, para las zonas 4, 5 y 6 se pueden obtener los siguientes valores de Mach:

$$M_4 = 2{,}22; \qquad M_5 = 2{,}30; \qquad M_6 = 2{,}384$$

IV.2.2. Diseño de Efusores o Toberas 2D

Una de las aplicaciones importantes del método de las características es el diseño de efusores (o toberas) bidimensionales. Básicamente una tobera debe acelerar el flujo hasta el número de Mach para el cual fue diseñada. Es muy importante que el flujo a la salida de la misma sea uniforme y paralelo ya sea que se trate de la tobera de un túnel supersónico (condición necesaria en la cámara de ensayos) o de un motor cohete (optimización del empuje).

Se analizará a continuación el caso de una tobera bidimensional para un túnel supersónico y los casos límites que se deducen aplicando el método de las características.

En la Figura IV.2.6 se ha representado el contorno de una tobera con las sucesivas reflexiones de ondas de expansión que se producen en la parte divergente de la misma. Por tratarse de una configuración simétrica el eje x longitudinal puede ser considerado como una línea de corriente y por lo tanto se puede simplificar el análisis del diseño en el plano físico considerando solo una mitad de la misma.

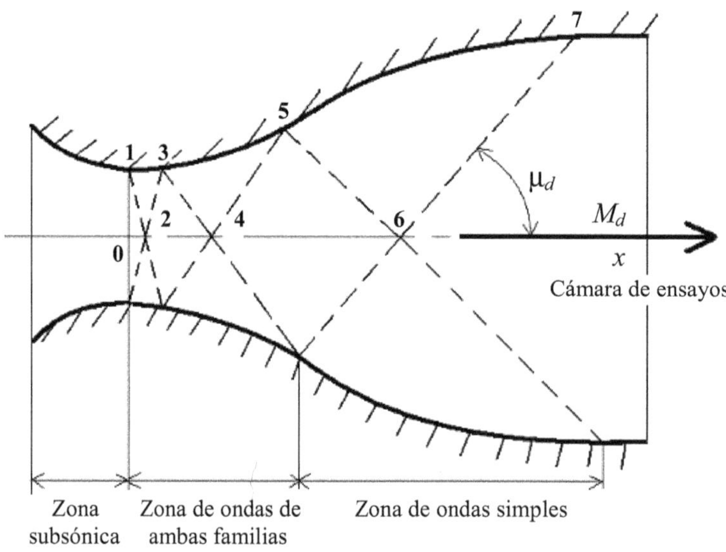

Fig. IV.2.6 – Plano físico: tobera bidimensional.

En este caso se alcanza la máxima inclinación de la pared en el punto **5** que se considera un punto de inflexión desde donde el contorno divergente de la tobera cambia de curvatura.

Pueden distinguirse cuatro zonas:

- La zona de expansión subsónica (parte convergente de la tobera) diseñada para obtener $M = 1$ uniforme y paralelo en la sección de garganta.
- La zona de expansión supersónica (inicio de la parte divergente de la tobera) delimitada por los puntos **0**, **1**, **5** y **6** donde el flujo se acelera cruzando ondas de expansión de las familias *I* y *II*.
- Para que se cumpla la condición de flujo uniforme y paralelo al eje x en la salida de la tobera, el tramo de contorno entre los puntos **5** y **7** debe construirse de forma tal que todas las ondas incidentes sobre el mismo no se reflejen, es decir sean canceladas (la zona entre **5**, **6** y **7** se reduce entonces a una onda simple). Esta cancelación es posible sólo cuando la onda incida sobre una pared cuyo ángulo de cuña es tal que se desvíen las líneas de corriente en la misma dirección que la pared inferior, que para este caso coincide con el eje x. De este modo el flujo en la cámara de ensayos satisfará las condiciones impuestas por ambas paredes, por lo tanto no se producirán cambios y la onda no se reflejará.

Este proceso se inicia en el punto **5** y termina en el punto **7**, donde el flujo ya es paralelo al eje de la tobera y uniforme en toda la sección de salida (todas las ondas han sido canceladas). Detrás de la caracteristica que une los puntos **6** y **7**, se alcanza el Mach de diseño.

En el punto **1** debe suponerse el origen de la onda **1-2**, que reflejada un número finito de veces se cancela en el punto **7**. El punto **1** puede ser considerado como una esquina, o sea un punto singular del cual parte un haz de ondas sónicas formando un abanico de expansión que constituye la zona **0**, **1**, **2**. En el punto **2** el Mach también será igual a 1 y por lo tanto el punto correspondiente **2'** en el plano hodógrafo coincidirá con el punto **1'** tal como se muestra en la Figura IV.2.7.

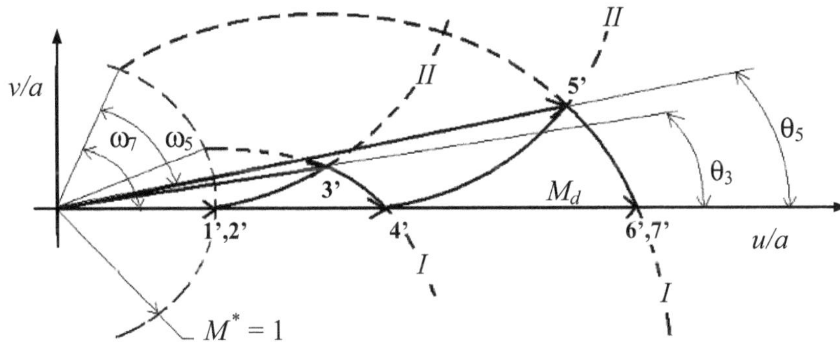

Fig. IV.2.7 – Plano hodógrafo: tobera bidimensional.

Aplicando la Ec. IV.2.9 y considerando los puntos **2'** y **3'** pertenecientes a una misma epicicloide de la familia *II* se pueden expresar las siguientes igualdades:

$$\theta_3 = \omega_3 + 2II_3 - 1000$$
$$\theta_2 = \omega_2 + 2II_3 - 1000 \qquad \text{(IV.2.12)}$$

Como $\theta_2 = 0$ se despeja ω_2:

$$-\omega_2 = 2II_3 - 1000$$

y reemplazando en la Ec. IV.2.12 se obtiene:

$$\theta_3 = \omega_3 - \omega_2$$

Para los puntos **3'** y **4'** pertenecientes a una misma epicicloide de la familia *I* se hace el mismo análisis y se obtiene:

$$\theta_3 = -\omega_3 + 2I_3 - 1000$$
$$\theta_4 = -\omega_4 + 2I_3 - 1000 \qquad \text{(IV.2.13)}$$

Como $\theta_4 = 0$ se despeja ω_4:

$$\omega_4 = 2I_3 - 1000$$

y reemplazando en la Ec. IV.2.13 queda:

$$\theta_3 = \omega_4 - \omega_3 = \omega_3 - \omega_2 \qquad \text{(IV.2.14)}$$

De igual manera, considerando los puntos **4'**, **5'** y **6'** se obtiene:

$$\theta_5 = \omega_6 - \omega_5 = \omega_5 - \omega_4 \qquad \text{(IV.2.15)}$$

Dado que $M_6 = M_7$ esto implica que:

$$\omega_6 = \omega_7$$

Entonces la Ec. IV.2.15 queda:

$$\theta_5 = \omega_7 - \omega_5 = \omega_5 - \omega_4 \qquad \text{(IV.2.16)}$$

Considerando ahora que $\omega_2 = 0$ por corresponder a M_2 = 1 se puede expresar ω_7 con la siguiente igualdad algebraica:

$$\omega_7 - \omega_2 = (\omega_7 - \omega_5) + (\omega_5 - \omega_4) + (\omega_4 - \omega_3) + (\omega_3 - \omega_2)$$

Reemplazando las Ecs. IV.2.16 y IV.2.14, se obtiene:

$$\omega_7 = \theta_5 + \theta_5 + \theta_3 + \theta_3 = 2\theta_5 + 2\theta_3$$

o sea:

$$\theta_5 = \frac{\omega_7}{2} - \theta_3 = \frac{\omega_7}{2} - \omega_3 \qquad \text{(IV.2.17)}$$

Si se tiene en cuenta que el ω_7 depende del Mach de diseño, en general se puede establecer que:

$$\theta_5 = f(M_d, \theta_3)$$

Considerando que el punto **5** del plano físico representa la máxima pendiente del contorno de la tobera:

$$\theta_5 - \theta_3 \geq 0$$

$$\theta_5 - \theta_3 = \frac{\omega_7}{2} - 2\theta_3 \geq 0 \quad \rightarrow \quad \frac{\omega_7}{4} - \theta_3 \geq 0 \qquad \text{(IV.2.18)}$$

y como $\theta_3 \geq 0$ resulta:

$$0 \leq \theta_3 \leq \frac{\omega_7}{4} \quad \rightarrow \quad 0 \leq \omega_3 \leq \frac{\omega_7}{4} \qquad \text{(IV.2.19)}$$

luego de tener en cuenta que $\theta_3 = \omega_3$ pues $\omega_2 = 0$. Considerense los límites que la Ec. IV.2.19 impone sobre la Ec. IV.2.17:

$$\omega_3 = 0 \quad \rightarrow \quad \theta_5 = \frac{\omega_7}{2}$$

$$\omega_3 = \frac{\omega_7}{4} \quad \rightarrow \quad \theta_5 = \frac{\omega_7}{4}$$

Por conseguiente se cumple que:

$$\frac{1}{4} \leq \frac{\theta_5}{\omega_7} \leq \frac{1}{2} \qquad \text{(IV.2.20)}$$

4.2.2.1 Casos Límite de Diseño

Las Ecs. IV.2.19 y IV.2.20 introducen ciertas limitaciones en el diseño y es de interés práctico considerar dos casos límites.

Caso a)

$$\theta_5 = \theta_3 = \frac{\omega_7}{4} \qquad \text{(IV.2.21)}$$

En este caso el contorno físico de la tobera entre los puntos **3** y **5** es una línea recta cuya pendiente está relacionada con el Mach de diseño [$\omega_7 = \omega(M_d)$]. El contorno entre los puntos **1** y **3** puede ser una curva arbitraria.

En la Figura IV.2.8 se muestra el plano hodógrafo correspondiente a este caso límite.

Caso b)

$$\theta_5 = \frac{\omega_7}{2} \text{ y } \frac{\omega_3}{\omega_7} = 0$$

Por ser $\omega_3 = 0$ y por tanto $M_3 = 1$, le corresponde a **3'** la misma posición que **1'** en el plano hodógrafo (Figura IV.2.9).

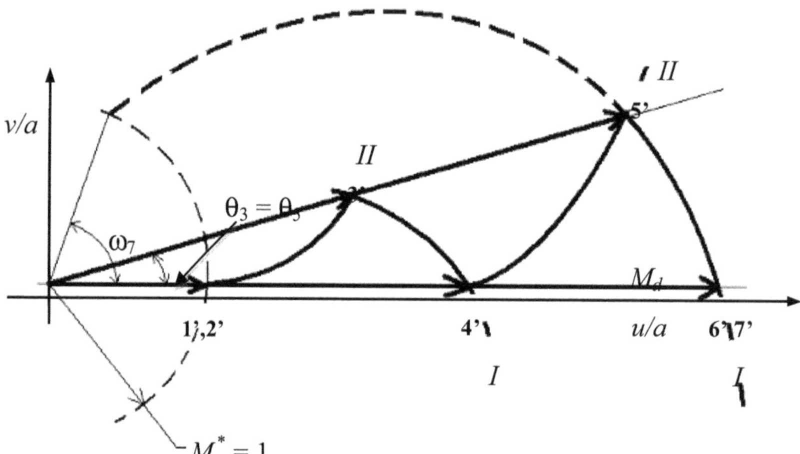

Fig. IV.2.8 – Caso **a**: plano hodógrafo.

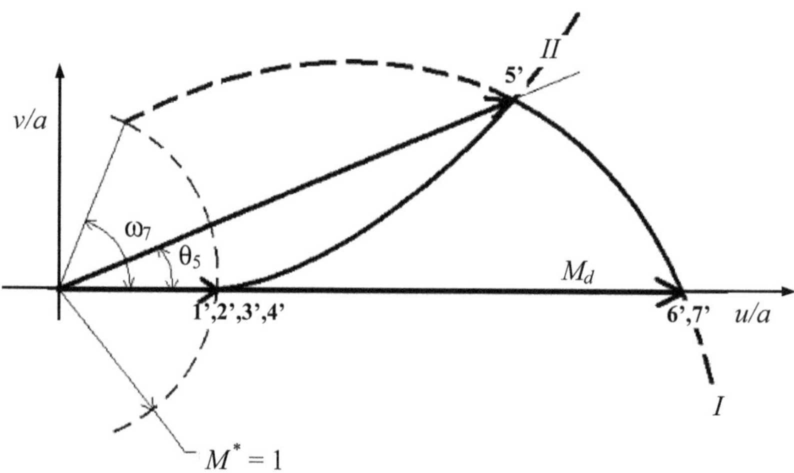

Fig. IV.2.9 – Caso **b**: plano hodógrafo.

De la comparación de los casos **a** y **b** podemos deducir que para igual número de Mach de diseño la tobera del caso **a** tendrá una pendiente menor que la del caso **b**, lo que se traducirá en una tobera de mayor longitud.

Generalmente las toberas para túneles supersónicos se diseñan de manera tal que el contorno **1-3** esté formado por un arco de círculo cuyo radio de curvatura sea mayor a 4 veces el diámetro de la garganta. Este valor empírico se adopta para conseguir que la línea sónica se aproxime a una recta perpendicular al contorno en la garganta y así garantizar una mejor uniformidad del flujo. Flujo uniforme con $M = 1$ puede justificarse rigurosamente cuando el radio de curvatura del contorno es infinito.

En términos generales se debe considerar que para cada ensayo que se realice en un túnel supersónico se deberá ajustar la geometría de la tobera de manera de alcanzar a la salida de la misma el número de Mach deseado en la cámara de ensayos. Para lograr esto se deberá disponer de piezas intercambiables que permitan configurar la geometría de la tobera para lograr las variaciones de Mach deseadas o bien disponer de una tobera de geometría variable.

Ejemplo: Aplicación del caso b: Diseño de la Tobera Más Corta Posible para un Mach Determinado

Un caso interesante de estudio es el diseño de la tobera más corta que puede ser diseñada aplicando el Método de las Características para alcanzar un Mach predeterminado. Considérese que se desea acelerar el flujo hasta alcanzar $M_s = 3$ a la salida de una tobera. La relación entre el área de garganta A_g y el área de salida A_s se obtendrá aplicando la ecuación isoentrópica que vincula el número de Mach con la relación A_g/A_s (Tamagno *et al.*, 2008, Ec. I.3.29).

El paso siguiente es determinar que forma deberá tener el contorno de la tobera. Para ello se debe considerar que todas las ondas que se generan a modo de abanico de expansión a partir de la garganta de la tobera se cancelen sobre el contorno opuesto tal como se muestra en la Figura IV.2.10. Por tratarse de una figura simétrica es suficiente resolver la mitad superior de la tobera considerando el eje longitudinal x como un contorno sólido de manera que las ondas de expansión se reflejen también como ondas de expansión.

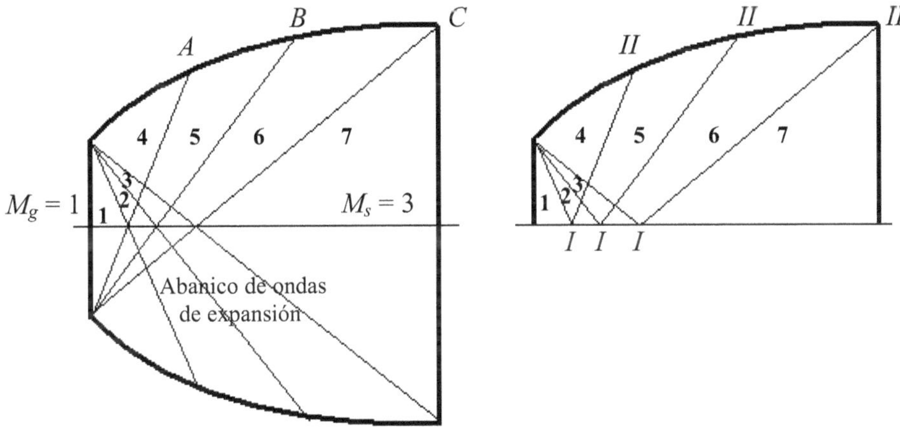

Fig. IV.2.10 – Plano físico: tobera más corta posible (los puntos A, B, C son puntos de cancelación de onda).

En el plano hodógrafo se pueden representar los valores de Mach y la dirección del flujo en cada zona correspondiente al plano físico (Figura IV.2.11).

Para encontrar la solución analítica del problema se plantea el sistema de ecuaciones IV.2.10 y IV.2.11 correspondiente a la zona 1 sabiendo que $M_1 = 1$; $\omega_1 = 0$ y $\theta_1 = 0°$.

$$\theta_1 = I_1 + II_1 - 1000 = 0$$

$$\omega_1 = I_1 - II_1 = 0$$

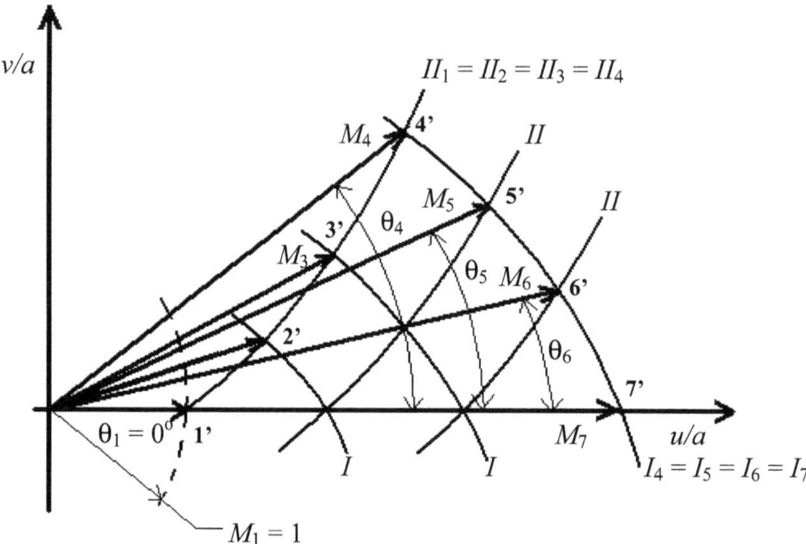

Fig. IV.2.11 – Plano hodógrafo: tobera mas corta posible.

Se tiene un sistema de dos ecuaciones con dos incógnitas, los valores correspondientes a I_1 y II_1. Estos valores son:

$$I_1 = 500$$

$$II_1 = 500$$

Se plantea a continuación el sistema de ecuaciones correspondiente a la zona **7** donde $M_7 = 3$; $\omega_7 = 49,757$ (valor de ω para $M_s = 3$) y $\theta_7 = 0°$.

$$\theta_7 = I_7 + II_7 - 1000 = 0$$

$$\omega_7 = I_7 - II_7 = 49,757$$

Las incógnitas I_7 y II_7 valen:

$$I_7 = 524,879$$

$$II_7 = 475,121$$

Para resolver la zona **4** se debe determinar primeramente cuales son las incógnitas y cuales los datos en el sistema de ecuaciones correspondiente. Analizando el plano hodógrafo se ve que el punto **4'** resulta de la intersección de las curvas características II_1 y I_7. Recordar que $II_1 = II_2 = II_3 = II_4$ y $I_7 = I_6 = I_5 = I_4$. Se puede deducir entonces que:

$$\theta_4 = I_4 + II_4 - 1000 = I_7 + II_1 - 1000$$

$$\omega_4 = I_4 - II_4 = I_7 - II_1$$

Resuelto el sistema de ecuaciones para la zona **4** se obtiene:

$$\theta_4 = 524{,}879 + 500 - 1000 = 24{,}879$$

$$\omega_4 = 524{,}879 - 500 = 24{,}879$$

Por lo que M_4 = 1,946.

Para hallar la solución en las zonas **2** y **3** se considera que el flujo se expande de manera uniforme asignando a estas zonas los valores intermedios de velocidad en términos de Mach entre las zonas **1** y **4**. De esta forma se tienen como datos para la zona **2** los valores de M_2 = 1,315 ($\omega_2 = 6{,}583$) y II_2 = 500 con los cuales se procede a despejar θ_2 y I_2:

$$\theta_2 = 6{,}583$$

$$I_2 = 506{,}583$$

De igual manera se resuelve la zona **3** con M_3 = 1,630 ($\omega_3 = 15{,}747$) y II_3 = 500 obteniendo:

$$\theta_3 = 15{,}747$$

$$I_3 = 515{,}747$$

Los valores de Mach y θ hallados para las zonas **2** y **3** carecen de valor práctico a los fines de determinar el contorno de la tobera. A continuación se procede a calcular los valores de Mach y θ en las zonas **5** y **6** que sí resultan relevantes para definir la geometría de la pared de la tobera.

De las zonas **5** y **6** se conocen $I_5 = I_6 = I_7$ = 524,879 (ver plano hodógrafo en la Figura IV.2.11). Por otra parte se puede suponer que la expansión entre las zonas **4** y **7** se realiza gradualmente y de manera uniforme. De esta manera M_5 y M_6 pueden ser considerados valores intermedios entre M_4 = 1,945 y M_7 = 3 (valor de diseño a la salida de la tobera). Con M_5 = 2,29666 se calcula ω_5 = 34,199 y con M_6 = 2,64833 se encuentra ω_6 = 42,492. Con estos valores se pueden calcular θ y II de la misma forma que se hizo para las zonas anteriores. Se tiene entonces:

$$\theta_5 = 15{,}559$$

$$II_5 = 490{,}680$$

para la zona **5**, mientras que para la zona **6**:

$$\theta_6 = 7{,}266$$

$$II_6 = 482{,}387$$

Se ve finalmente que el perfil de la pared del contorno de la tobera más corta que se propuso diseñar para alcanzar el Mach de salida ($M_s = 3$) estará dado por los valores de θ calculados en las zonas **4**, **5** y **6**. Estos valores corresponden a la dirección del vector velocidad en cada zona. Como se sabe que por condición de contorno la dirección de las líneas de corriente resulta paralela a la pared, la misma estará conformada, en este caso particular, por una poligonal de tres segmentos. Si se desea obtener mayor precisión para definir el contorno con un número mayor de segmentos bastará con discretizar el abanico de expansión inicial con una cantidad mayor de ondas.

IV.2.3. Método Aproximado Aplicable a Choques Débiles

Se analizará a continuación la posibilidad de aplicar la Teoría de las Características para resolver procesos que básicamente no son isoentrópicos considerando el error que se introduce si se considera que la presión de estancamiento no se modifica a través de una onda de choque débil.

Considérese una rampa o cuña en el plano físico tal como se muestra en la Figura IV.2.12(a). Los cambios de dirección y velocidad a través de la onda de choque débil que se genera a partir del borde de la cuña pueden ser representados utilizando el plano hodógrafo [Figura IV.2.12(b)].

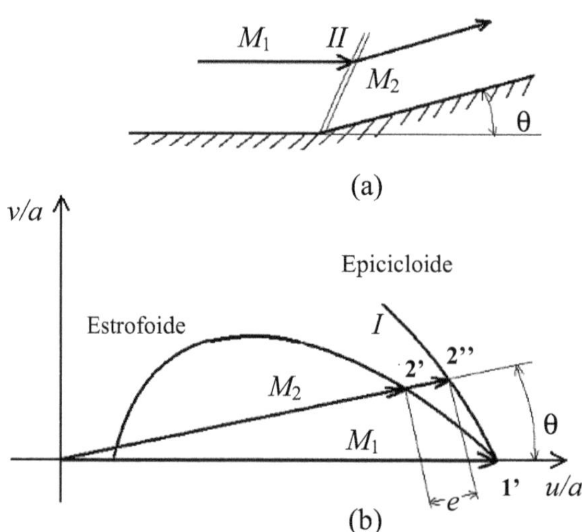

Fig. IV.2.12 – Plano físico (a) y plano hodógrafo (b) de un flujo desviado por una cuña (las curvas no fueron representadas en escala para acentuar la diferencia entre la estrofoide y la epicicloide que en la realidad es pequeña para ángulos pequeños).

Para obtener el vector representativo de la velocidad y la dirección del flujo detrás del choque de manera exacta, se debe aplicar el procedimiento analizado en la teoría del Choque Oblicuo. Esto es, considerar el desplazamiento sobre la curva estrofoide correspondiente al Mach de la corriente libre hasta alcanzar el valor del ángulo de desviación del flujo. Se obtiene de esta manera el punto **2'** que permite hallar la magnitud del vector buscado de manera precisa.

Si se superpone en el mismo plano hodógrafo la solución por el Método de las Características se notará que el desplazamiento desde el punto **1'** al punto **2''** se realiza siguiendo una curva epicicloide de la familia *I*.

Como resultado de este desplazamiento el vector representativo de la velocidad después de la onda de choque resulta más largo que en el primer caso. De esta manera se aprecia que la velocidad calculada después del choque será mayor si se aplica el Método de Características que si se aplica la Teoría de Choque Oblicuo. Esto tiene sentido físico ya que al considerarse el proceso isoentrópico como una simplificación del problema no se tiene la pérdida de presión de estancamiento que se produce a causa de la presencia de la onda de choque.

Analizando la variación del vector velocidad detrás de la onda de choque débil en función del ángulo de cuña se puede notar que mientras mayor sea este último, mayor será la diferencia que se obtenga como consecuencia de suponer el proceso como isoentrópico. Para ángulos de cuña pequeños la diferencia entre ambos vectores se reduce notablemente por lo que se reduce también el error de cálculo.

Ejemplo: Difusor Supersónico

Se analizará seguidamente un caso de ejemplo donde el ángulo de cuña y las condiciones iniciales de velocidad y dirección del flujo son datos conocidos tal como se muestra en la Figura IV.2.13.

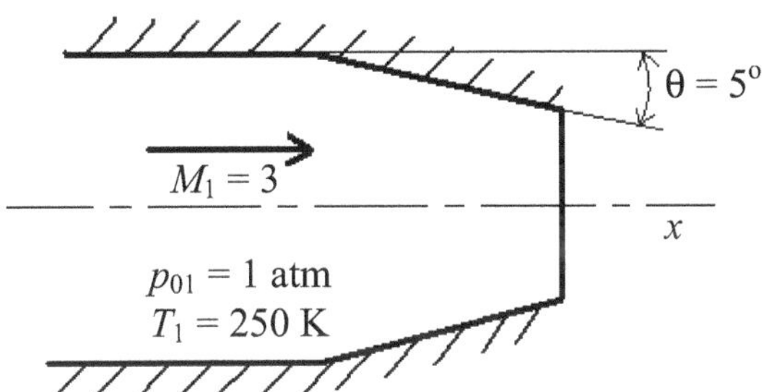

Fig. IV.2.13 – Flujo en tobera convergente.

Por tratarse de una figura simétrica se resuelve solamente la mitad superior considerando el eje longitudinal x de la tobera convergente como un contorno sólido de manera que las ondas de compresión se reflejen también como ondas de compresión (Figura IV.2.14).

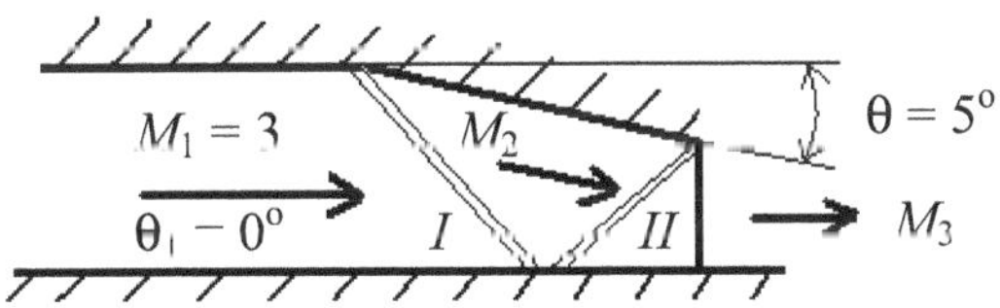

Fig. IV.2.14 – Plano físico: mitad superior de la tobera convergente

En el plano hodógrafo se pueden representar los valores de Mach y la dirección del flujo en cada zona correspondiente al plano físico (Figura IV.2.15).

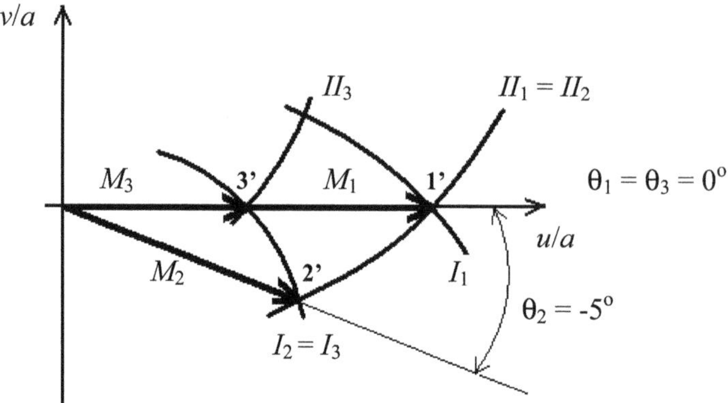

Fig. IV.2.15 – Plano hodógrafo: tobera convergente.

Para encontrar la solución analítica del problema por Teoria de Caracteristicas se plantea el sistema de ecuaciones IV.2.10 y IV.2.11 correspondiente a cada zona.

Zona 1:

$$\theta_1 = I_1 + II_1 - 1000$$

$$\omega_1 = I_1 - II_1$$

Donde:

$$M_1 = 3$$

$$\omega_1 = 49,757$$

$$\theta_1 = 0^o$$

Calculase:

$$I_1 = 524,8785$$

$$II_1 = 475,1215$$

Zona 2:

$$\theta_2 = I_2 + II_2 - 1000$$

$$\omega_2 = I_2 - II_2$$

Donde

$II_1 = II_2 = 475{,}12$

$\theta_2 = -5^o$

Despejando y resolviendo el sistema:

$\omega_2 = 44{,}76 \quad \rightarrow \quad M_2 = 2{,}75$

$I_2 = 519{,}88$

Zona 3:

$\theta_3 = I_3 + II_3 - 1000$

$\omega_3 = I_3 - II_3$

Donde

$I_2 = I_3 = 519{,}88$

$\theta_3 = 0^o$

Calculase:

$\omega_3 = 39{,}76 \quad \rightarrow \quad M_3 = 2{,}53$

$II_3 = 480{,}12$

Las presiones en cada zona pueden ser calculadas utilizando la tabla de flujo isoentrópico y considerando $p_{01} = p_{02} = p_{03} = 1$ atm:

$$M_3 = M_s \quad \rightarrow \quad \frac{p_3}{p_{03}} = 0{,}0561 \quad \rightarrow \quad p_3 = 0{,}0561\,\text{atm}$$

$$M_1 \quad \rightarrow \quad \frac{p_1}{p_{01}} = 0{,}02722 \quad \rightarrow \quad p_1 = 0{,}02722\,\text{atm}$$

$$M_2 \quad \rightarrow \quad \frac{p_2}{p_{02}} = 0{,}03415 \quad \rightarrow \quad p_2 = 0{,}03415\,\text{atm}$$

Calculase el incremento de presión total:

$$p_1 \xrightarrow[25{,}4\%]{} p_2 \xrightarrow[44{,}51\%]{} p_3$$

$$p_1 \xrightarrow[81{,}3\%]{} p_3$$

De igual manera se calcula el incremento de la temperatura ($T_1 = 250\,\text{K}$):

$$M_1 \rightarrow \frac{T_1}{T_{01}} = 0,35714 \rightarrow T_{01} = \frac{250}{0,35714} = 700\,\mathrm{K}$$

$$T_{01} = T_{02} = T_{03} = 700\,\mathrm{K}$$

$$M_2 \rightarrow \frac{T_2}{T_{02}} = 0,398 \rightarrow T_2 = 272,3\,\mathrm{K}$$

$$M_3 \rightarrow \frac{T_3}{T_{03}} = 0,439 \rightarrow T_3 = 307,4\,\mathrm{K}$$

$$T_1 \xrightarrow[18,52\%]{} T_3$$

Para el caso de perfiles inmersos en un flujo supersónico donde se presenten ondas de choque débil para ángulos de cuña pequeños (θ < 20º) combinadas con ondas de expansión puede ser de utilidad considerar, en primera aproximación, la presión de estancamiento como una constante sin que por esta causa el resultado final se vea sensiblemente afectado.

Ejemplo: Placa Plana

Considérese que se desea obtener una estimación preliminar de la presión y la velocidad sobre ambas caras de una placa plana que presenta un determinado ángulo de incidencia con respecto a una corriente de flujo supersónico tal como se muestra en la Figura IV.2.16.

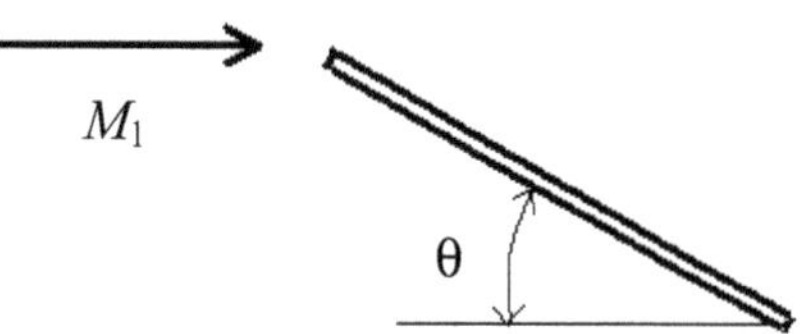

Fig. IV.2.16 – Placa plana, ángulo de incidencia θ.

Con el objeto de evidenciar el fenómeno el valor del ángulo de incidencia de la placa se ha sobredimensionado en este ejemplo.

Analizando el fenómeno en el plano físico puede verse en la Figura IV.2.17 que se generan en el borde de ataque dos ondas. Una onda de expansión en el extradós y una onda de compresión (choque oblicuo débil) en el intradós. En el borde de fuga se tiene también la formación de dos ondas cuya naturaleza (expansión o compresión) se analizará más adelante.

Puede considerarse en primera instancia como hipótesis simplificativa que la onda de choque débil que se presenta en el borde de ataque no introduce ningún cambio en el valor de la presión de estancamiento. La solución utilizando el Método de las Características tomando en cuenta esta simplificación se muestra en el plano hodógrafo de la Figura IV.2.18

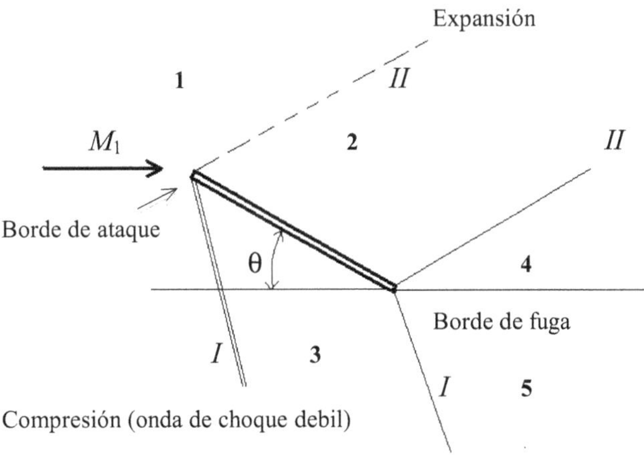

Fig. IV.2.17 – Plano físico: placa plana.

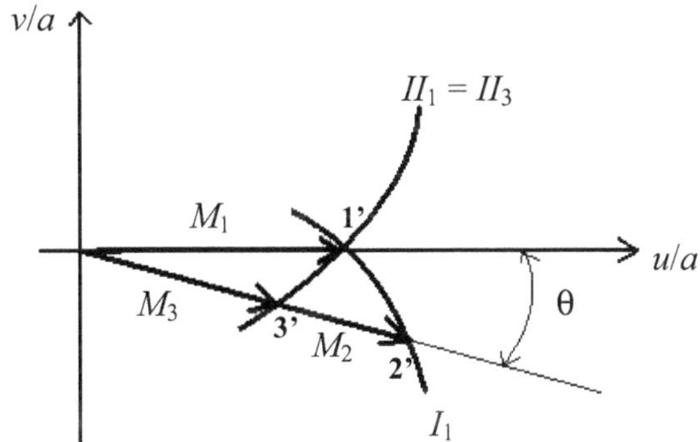

Fig. IV.2.18 – Plano hodógrafo: placa plana (solución isoentrópica).

Se analizará a continuación lo que sucede en el borde de fuga. Por detrás de la placa plana se extiende una estela a través de la cual no existe flujo perpendicular a la misma dado que las presiones estáticas a ambos lados son iguales. Por otra parte se ha despreciado la perdida de presion de estancamiento a traves de la onda de choque debil sobre el intradós de la placa plana.

Teniendo en cuenta que la presión de estancamiento se mantiene constante a través de la onda de expansión del extradós se puede afirmar que las presiones de estancamiento a ambos lados de la estela son también iguales.

Si las presiones estáticas y las presiones de estancamiento son iguales a ambos lados de la estela los números de Mach también lo serán dado que las relaciónes p/p_0 son idénticas en ambos casos. Esto es solo posible si la estela se desprende del borde de fuga con el mismo ángulo de incidencia de la corriente libre tal como se muestra en la Figura IV.2.19.

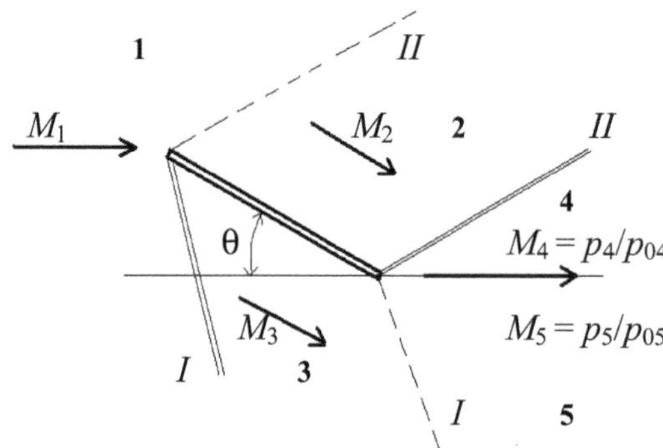

Fig. IV.2.19 – Placa plana: direcciones del flujo (problema isoentrópico).

Donde:

$$\left.\begin{array}{l} p_4 = p_5 \\ p_{04} = p_{05} \end{array}\right\} \rightarrow M_4 = M_5$$

Como consecuencia de este análisis se puede afirmar que en el borde de fuga se genera una onda de compresión (choque débil) en el extradós y una onda de expansión en el intradós.

La solución en el plano hodógrafo para la placa plana completa utilizando el Método de las Características se muestra en la Figura IV.2.20.

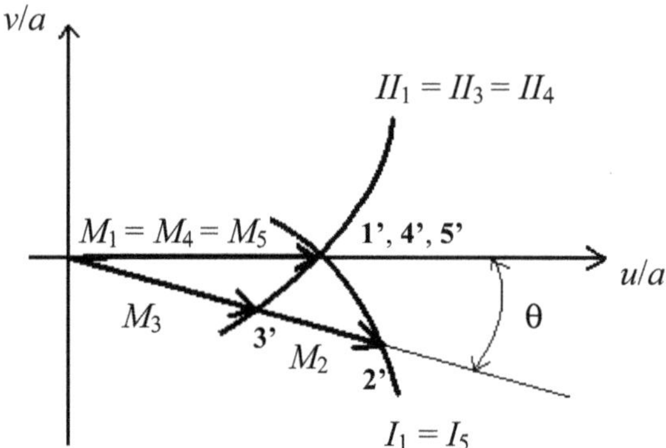

Fig. IV.2.20 – Plano hodógrafo: placa plana (Método de las Características).

Se procede a continuación a resolver este mismo caso aplicando la Teoría de Choque Oblicuo considerando que la pérdida de presión de estancamiento que se produce como consecuencia de la onda de choque débil que se genera en el borde de ataque no es despreciable.

Para este caso el vector velocidad en el intradós de la placa plana se obtendrá a partir de la curva estrofoide correspondiente a la velocidad del flujo de la corriente libre. La solución en el plano hodógrafo se muestra en la Figura IV.2.21.

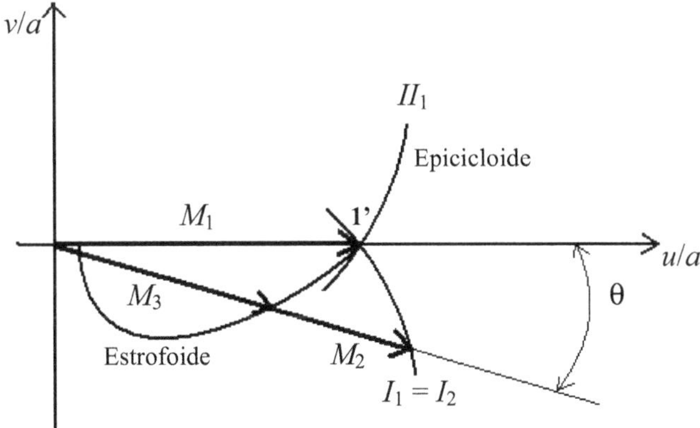

Fig. IV.2.21 – Plano hodógrafo: placa plana (Teoría de Choque Oblicuo).

En el borde de fuga se genera una onda de choque débil sobre el extradós por lo que se modificará el valor de la presión de estancamiento. El vector velocidad por detrás de esta onda (zona **4**) se encontrará trazando la curva estrofoide a partir del vector velocidad sobre el extradós de la placa plana (zona **2**) tal como se muestra en la Figura IV.2.22. Por otra parte, en la parte inferior del borde de fuga se genera una onda de expansión disminuyendo el valor de la presión estática pero manteniendo constante el valor de la presión de estancamiento (expansión isoentrópica). En consecuencia las presiones de estancamiento serán diferentes a cada lado de la estela mientras que, como ya se explicó anteriormente, las presiones estáticas deben ser iguales. Para lograr esta condición el ángulo de estela ε se deberá ajustar a un valor determinado que solo puede obtenerse por iteraciones sucesivas.

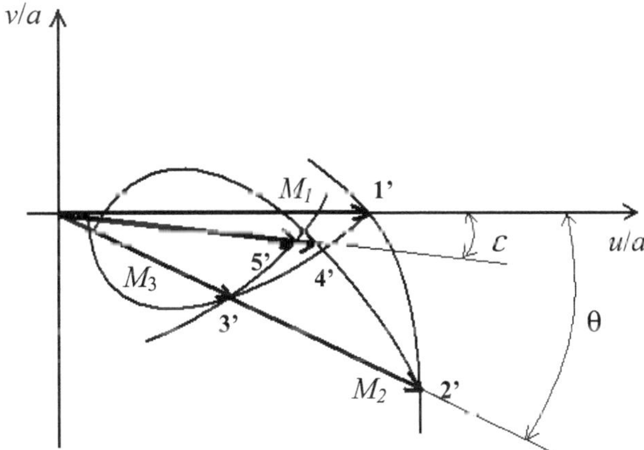

Fig. IV.2.22 – Plano hodógrafo: placa plana (Teoría de Choque Oblicuo).

A los fines prácticos se asume un valor inicial para el ángulo de estela ε y se verifica la relación de presiones estáticas a ambos lados de la misma. En caso de seren diferentes se propone un nuevo valor y se realiza nuevamente el cálculo hasta alcanzar la igualdad. Una vez determinado el ángulo se calculan las velocidades en términos de Mach conociendo la relación p/p_0 a cada lado.

Puede verse en la Figura IV.2.22 que el valor de la velocidad del flujo a cada lado de la estela es diferente provocando una discontinuidad de velocidades a partir del borde de fuga. Esto se debe a que si bien las presiones estáticas son iguales, las presiones de estancamiento no lo son debido a la caída de presión de estancamiento provocada por las ondas de choque débil.

Finalmente puede apreciarse en la Figura IV.2.23 que la estela abandona el borde de fuga con un ángulo diferente al de la corriente libre a diferencia del caso totalmente isoentrópico. Esto no tiene mayores implicancias prácticas porque para perfiles supersónicos el valor del ángulo de estela no modifica la sustentación del perfil.

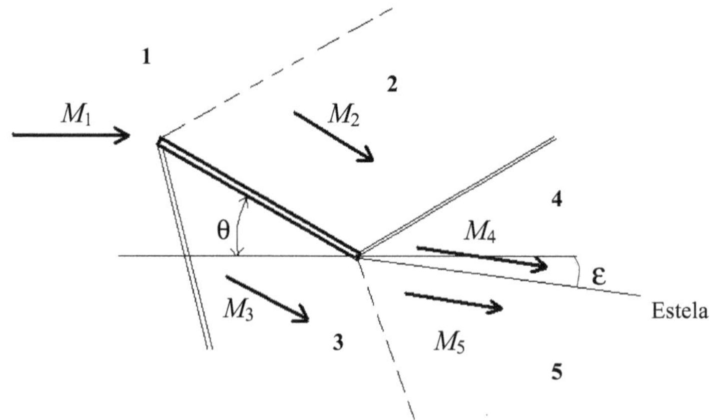

Fig. IV.2.23 – Placa plana: direcciones del flujo (problema no isoentrópico).

Donde:

$$\left.\begin{array}{l} p_4 = p_5 \\ p_{04} \neq p_{05} \end{array}\right\} \rightarrow M_4 \neq M_5$$

A titulo ilustrativo, para una placa plana sumergida en un flujo con $M = 3$ y $\theta = 18^o$, el error porcentual que se comete en el calculo de las velocidades para cada zona considerando el proceso totalmente isoentrópico es del orden del 2%.

IV.3. EJERCICIOS

1. Para el caso de la figura se pide determinar los valores de Mach y del ángulo del vector de salida.

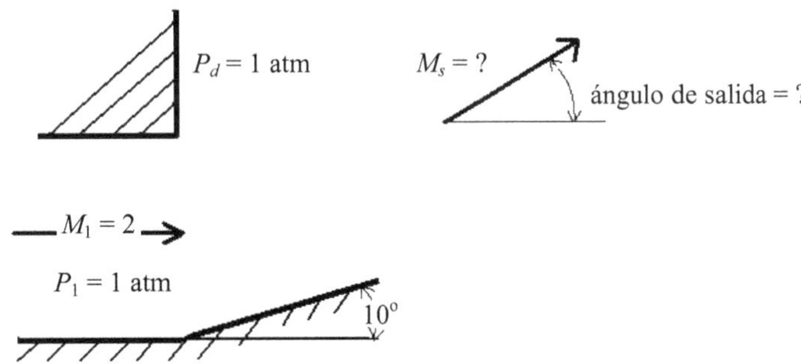

2. Para el perfil de la figura se pide calcular:

a) El Mach, la presión de impacto y la presión estática en las zonas 2, 3 y 4. Se pide además identificar el tipo y familia de ondas en el plano físico y trazar el plano hodógrafo correspondiente.

b) Calcular el Mach y la presión estática en la zona 2 si el proceso fuera considerado totalmente isoentrópico.

c) Explicar brevemente como se calcula el ángulo de estela en cada caso.

Datos:

$M_1 = 3$; $p_1 = 1$ atmósfera; Ángulo de ataque = 3º Gas aire

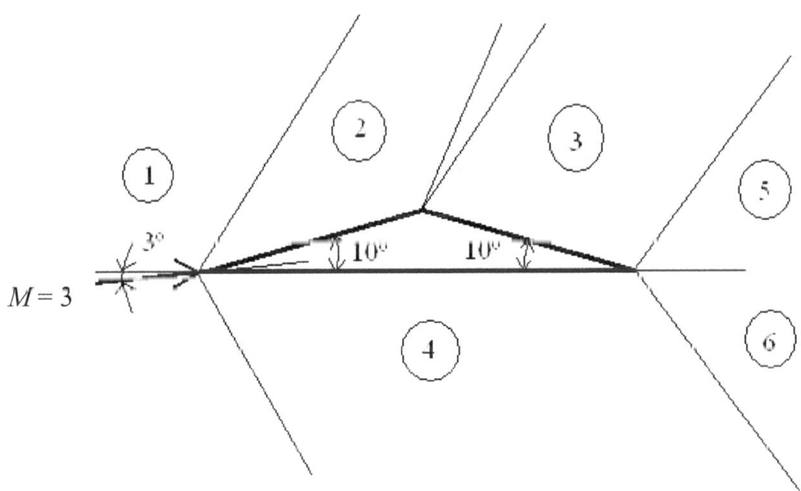

Apéndice A

Flujo Unidimensional Inestacionario

A.1. ECUACIONES DE CONSERVACIÓN Y DEFINICIÓN DE CURVAS CARACTERÍSTICAS

La ecuación de continuidad se escribe:

$$\frac{\partial \rho}{\partial t}+u\frac{\partial \rho}{\partial x}+\rho\frac{\partial u}{\partial x}=-\rho u\frac{d(\ln A)}{dx} \tag{A.1}$$

y la ecuación de cantidad de movimiento según x se expresa como:

$$\frac{\partial u}{\partial t}+u\frac{\partial u}{\partial x}+\frac{1}{\rho}\frac{\partial p}{\partial x}=f \tag{A.2}$$

donde con f se han indicado la fuerza másica y la fuerza de fricción que actúan sobre el contorno rígido. En virtud de la aproximación unidimensional se supone que lo que ocurre sobre el contorno se distribuye de inmediato y por igual a toda la masa que fluye por el conducto. La función f está dada por:

$$f=\frac{dG}{dx}-4\frac{\bar{\tau}_w}{\rho}\frac{1}{D_h}\frac{u}{|u|} \qquad \left[f\equiv\frac{N}{Kg}=\frac{m}{s^2}\right] \tag{A.3}$$

Nótese que el esfuerzo tangencial $\bar{\tau}_w$ que aparece en f es el valor medio de los esfuerzos que actúan sobre la periferia del elemento. Por lo tanto, la fuerza producida por la fricción actuante sobre el elemento es:

$$\bar{\tau}_w=dA_w=4\bar{\tau}_w A\frac{dx}{D_h} \tag{A.4}$$

luego de expresar el área periférica en términos del diámetro hidráulico D_h. Dividiendo por la masa del elemento fluido, resulta:

$$\frac{\bar{\tau}_w dA_w}{\rho dv}=\frac{4\bar{\tau}_w}{\rho D_h}\frac{u}{|u|} \tag{A.5}$$

que es el valor que aparece en la Ec. A.3. El factor $u/|u|$ se introduce para garantizar que la fricción siempre actúa oponiéndose a movimiento.

La variación de entropía puede ser prescrita como una función de la posición y el tiempo, o calcularse para cada partícula en base al proceso que experimentará la misma. Se puede escribir entonces:

$$\frac{Ds}{Dt}=\frac{c_p}{\gamma p}\left(\frac{Dp}{Dt}-a^2\frac{D\rho}{Dt}\right)=\frac{1}{T}S(x,t,a,u) \qquad \text{(A.6)}$$

La función $S(x,t,a,u)$ incluye a todos los posibles mecanismos que a través del contorno pueden alterar la entropía del flujo en el conducto. Además y por conveniencia, se ha expresado la función entropía en la Ec. A.6 en términos de la presión y densidad.

Explicitando en las derivadas sustanciales de la Ec. A.6 la parte local y convectiva, además de tener en cuenta la ecuación de continuidad A.1, resulta:

$$\frac{\partial p}{\partial t}+\rho a^2\frac{\partial u}{\partial x}+u\frac{\partial p}{\partial x}=-a^2\rho u\frac{d(\ln A)}{dx}+\frac{a^2\rho}{c_p}\frac{S}{T} \qquad \text{(A.7)}$$

Utilizando la notación matricial, el sistema de ecuaciones de conservación formado ahora por las Ecs. A.1, A.2 y A.7 se puede expresar como:

$$\begin{pmatrix}1&0&0\\0&1&0\\0&0&1\end{pmatrix}\cdot\begin{pmatrix}\rho_t\\u_t\\p_t\end{pmatrix}+\begin{pmatrix}u&\rho&0\\0&u&\frac{1}{\rho}\\0&a^2\rho&u\end{pmatrix}\cdot\begin{pmatrix}\rho_x\\u_x\\p_x\end{pmatrix}=\begin{pmatrix}-\rho u\frac{d(\ln A)}{dx}\\f\\-a^2\rho u\frac{d(\ln A)}{dx}+\frac{a^2\rho}{c_p}\frac{S}{T}\end{pmatrix} \qquad \text{(A.8)}$$

Las curvas características del sistema A.8 están definidas por los autovalores de la matriz que se forma con los coeficientes de los términos que contienen a las derivadas de las funciones incógnitas con respecto a la variable espacial. La evaluación de dichos autovalores permite encontrar las siguientes direcciones características en el plano (x, t):

$$\det\begin{pmatrix}u-\lambda&\rho&0\\0&u-\lambda&\frac{1}{\rho}\\0&a^2\rho&u-\rho\end{pmatrix}-(u-\lambda)\left[(u-\lambda)^2-a^2\right]-0$$

de donde:

$$\lambda_I=\left(\frac{dx}{dt}\right)_I=u+a \qquad \text{(familia } I\text{)} \qquad \text{(A.9a)}$$

$$\lambda_{II} = \left(\frac{dx}{dt}\right)_{II} = u - a \qquad \text{(familia } II\text{)} \qquad \text{(A.9b)}$$

$$\lambda_{III} = \left(\frac{dx}{dt}\right)_{III} = u \qquad \text{(familia } III\text{)} \qquad \text{(A.9c)}$$

Obsérvese que las curvas características de las familias I y II representan las velocidades de propagación de pequeñas perturbaciones o señales, relativas a las paredes del conducto. Las curvas características de la familia III resultan útiles para describir el comportamiento de la entropía a lo largo de la trayectoria de las partículas.

Para reescribir las ecuaciones de conservación A.1, A.2 y A.7 según las direcciones características, conviene proceder de la siguiente manera:

i. Establézcase la relación operacional entre derivadas a lo largo de una dirección característica y la derivada a lo largo de la trayectoria de una partícula. Se obtiene:

$$\left(\frac{d}{dt}\right)_{I} = \frac{\partial}{\partial t} + (u+a)\frac{\partial}{\partial x} = \frac{D}{Dt} + a\frac{\partial}{\partial x} \qquad \text{(A.10a)}$$

$$\left(\frac{d}{dt}\right)_{II} = \frac{\partial}{\partial t} + (u-a)\frac{\partial}{\partial x} = \frac{D}{Dt} - a\frac{\partial}{\partial x} \qquad \text{(A.10b)}$$

$$\left(\frac{d}{dt}\right)_{III} = \frac{\partial}{\partial t} + u\frac{\partial}{\partial x} = \frac{D}{Dt} \qquad \text{(A.10c)}$$

ii. Multiplíquese la Ec. A.1 por a^2 y réstese la Ec. A.7. Se obtiene:

$$\frac{Dp}{Dt} - a^2\frac{D\rho}{Dt} = \frac{a^2\rho}{c_p}\frac{S}{T}$$

y luego de tener en cuenta la relación dada por la Ec. A.10c, se obtiene:

$$\left(\frac{dp}{dt}\right)_{III} - a^2\left(\frac{d\rho}{dt}\right)_{III} = \frac{a^2\rho}{c_p}\frac{S}{T}$$

o

$$\left(\frac{ds}{dt}\right)_{III} = \frac{S}{T} \qquad \text{(A.11)}$$

Si la función $S = 0$, esta última ecuación define una evolución isoentrópica. Por lo tanto la integración según la trayectoria de la partícula permite evaluar las variaciones de entropía producidas por la función S, lo cual no constituye nada nuevo puesto que la Ec. A.6 expresa precisamente eso. Además, la trayectoria es también una dirección característica.

iii. Multiplíquese ahora la Ec. A.2 por ρa y súmese a la Ec. A.7. Se obtiene:

$$\frac{Dp}{Dt}+\rho a^2\frac{\partial u}{\partial x}+\rho a\frac{Du}{Dt}+a\frac{\partial p}{\partial x}=-a^2\rho u\frac{d(\ln A)}{dx}+\frac{a^2\rho}{c_p}\frac{S}{T}+\rho af$$

y luego de tener en cuenta la relación dada por la Ec. A.10a se consigue:

$$\left(\frac{dp}{dt}\right)_I+\rho a\left(\frac{du}{dt}\right)_I=-a^2\rho u\frac{d(\ln A)}{dx}+\frac{a^2\rho}{c_p}\frac{S}{T}+\rho af \tag{A.12}$$

iv. Multiplíquese la Ec. A.2 por ρa y réstese la Ec. A.7. Se obtiene:

$$\frac{Dp}{Dt}+\rho a^2\frac{\partial u}{\partial x}-\rho a\frac{Du}{Dt}-a\frac{\partial p}{\partial x}=-a^2\rho u\frac{d(\ln A)}{dx}+\frac{a^2\rho}{c_p}\frac{S}{T}-\rho af$$

y luego de tener en cuenta la relación 2.10b se consigue:

$$\left(\frac{dp}{dt}\right)_{II}-\rho a\left(\frac{du}{dt}\right)_{II}=-a^2\rho u\frac{d(\ln A)}{dx}+\frac{a^2\rho}{c_p}\frac{S}{T}-\rho af \qquad \left[\frac{N}{m^2}\frac{1}{s}\right] \tag{A.13}$$

Con lo cual quedarían definidas las ecuaciones características en el plano de las funciones.

A partir de la definición de entropía se puede obtener la siguiente relación diferencial:

$$dp=\rho a\left(\frac{2}{\gamma-1}da-\frac{a}{\gamma\Re}ds\right) \tag{A.14}$$

de donde se pueden obtener derivadas según cualquier dirección característica. Resulta así:

$$\left(\frac{dp}{dt}\right)_{I,II,III}=\rho a\left[\frac{2}{\gamma-1}\left(\frac{da}{dt}\right)_{I,II,III}-\frac{a}{\gamma\Re}\left(\frac{ds}{dt}\right)_{I,II,III}\right] \tag{A.15}$$

Combinando sobre la dirección característica *I*, la Ec. A.15 con la Ec. A.12, se obtiene:

$$\left[\frac{d}{dt}\left(\frac{2}{\gamma-1}a+u\right)\right]_I=-au\frac{d(\ln A)}{dx}+\frac{a}{\gamma\Re}\left(\frac{ds}{dt}\right)_I+\frac{a}{c_p}\frac{S}{T}+f \qquad \left[\frac{m}{s^2}\right] \tag{A.16}$$

Combinando sobre la dirección característica *II*, la Ec. A.15 con la Ec. A.13, se obtiene:

$$\left[\frac{d}{dt}\left(\frac{2}{\gamma-1}a-u\right)\right]_{II}=-au\frac{d(\ln A)}{dx}+\frac{a}{\gamma\Re}\left(\frac{ds}{dt}\right)_{II}+\frac{a}{c_p}\frac{S}{T}-f \qquad \text{(A.17)}$$

Si ahora se introducen las funciones de Riemann P y Q definidas por:

$$P=\frac{2}{\gamma-1}a+u \qquad \text{(A.18)}$$

$$Q=\frac{2}{\gamma-1}a-u \qquad \text{(A.19)}$$

las Ecs. A.16 y A.17 se reducen a:

$$\left(\frac{dP}{dt}\right)_{I}=-au\frac{d(\ln A)}{dx}+\frac{a}{\gamma\Re}\left(\frac{ds}{dt}\right)_{I}+\frac{a}{c_p}\left(\frac{ds}{dt}\right)_{III}+f \qquad \text{(A.20)}$$

$$\left(\frac{dQ}{dt}\right)_{II}=-au\frac{d(\ln A)}{dx}+\frac{a}{\gamma\Re}\left(\frac{ds}{dt}\right)_{II}+\frac{a}{c_p}\left(\frac{ds}{dt}\right)_{III}-f \qquad \text{(A.21)}$$

Los resultados obtenidos hasta ahora pueden resumirse como sigue. La Ec. A.20 establece la variación de la función P a lo largo de características de la familia *I*, es decir de líneas cuya dirección es:

$$\left(\frac{dx}{dt}\right)_{I}=u+a$$

La Ec. A.21 establece la variación de la función Q a lo largo de características de la familia *II*, es decir de líneas cuya dirección es:

$$\left(\frac{dx}{dt}\right)_{I}=u+a$$

Por su parte la Ec. A.11 establece la variación de la entropía específica a lo largo de características de la familia *III*, siendo estas coincidentes con las trayectorias de las partículas:

$$\left(\frac{dx}{dt}\right)_{III}=u$$

Resulta claro que cuando se conocen P y Q, también se pueden conocer a y u (y consecuentemente, las pendientes de las características en el plano físico). En efecto:

$$u = \frac{1}{2}(P - Q) \tag{A.22}$$

$$a = \frac{\gamma - 1}{4}(P + Q) \tag{A.23}$$

A.2. INTEGRACIÓN DE LAS ECUACIONES

La solución de problemas inestacionarios por el método de las características, esto es integración de las ecuaciones de conservación a lo largo de direcciones características, puede realizarse como se indica a continuación. Sea una línea AB en el plano (x,t), pero no una curva característica, sobre la cual el estado de las variables del flujo esta definido y sean 1 y 2 puntos de esa línea (Figura A.1).

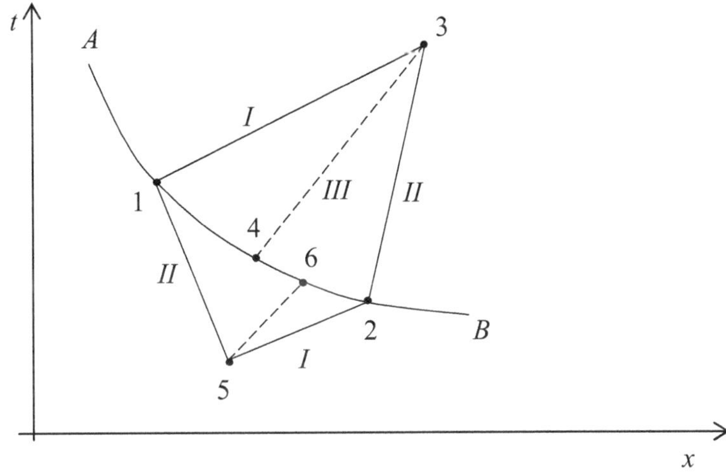

Fig. A.1 - Integración de las ecuaciones según direcciones características.

La característica de la familia I que pasa por el punto 1 de la curva AB y la de la familia II que lo hace por el punto 2, se interceptan en el punto 3 del campo de movimiento. La partícula que llega al punto 3 lo hace mediante una trayectoria que cruza la línea AB por el punto 4. Los valores P_3 y Q_3 de las funciones de Riemann se obtienen mediante la integración de las Ecs. A.20 y A.21 a lo largo de las direcciones 1-3 y 2-3 respectivamente. Por su parte s_3 resulta de la integración de la Ec. A.11 desde el valor conocido en 4 hasta 3. De esta manera se determinan los parámetros del flujo y las variables de estado en el punto 3. De manera similar se podrían deducir las condiciones del flujo en un punto inferior tal como el 5, en el cual se interceptan la característica de la familia I que ahora pasa por 2 y la de la familia II que pasa por 1.

Procediendo de manera similar, las condiciones del flujo en otros puntos del campo pueden ser determinadas desde condiciones conocidas en otros pares de puntos de la curva *AB*. A su vez, desde cada par de nuevos puntos calculados, se puede continuar con la construcción del sistema de características y así sucesivamente. Salvo en casos particulares, tanto las ecuaciones de las curvas características A.9 como las de conservación A.11, A.20 y A.21, no pueden ser integradas en forma analítica. Por lo tanto es necesario aplicar un procedimiento numérico por el cual se reemplazan las ecuaciones diferenciales por diferencias finitas. Con referencias a la Figura A.1 se puede hacer:

$$P_3 - P_2 = \left[-a_{13}u_{13}\left(\frac{d(\ln A)}{dx}\right)_{13} + \frac{a_{13}}{c_p}\left(\frac{Ds}{Dt}\right)_{43} + f \right](t_3 - t_1) + \frac{a_{13}}{\gamma\Re}(s_3 - s_1) \quad \text{(A.24)}$$

$$Q_3 - Q_2 = \left[-a_{23}u_{23}\left(\frac{d(\ln A)}{dx}\right)_{23} + \frac{a_{13}}{c_p}\left(\frac{Ds}{Dt}\right)_{43} + f \right](t_3 - t_2) + \frac{a_{23}}{\gamma\Re}(s_3 - s_2) \quad \text{(A.25)}$$

$$s_3 - s_4 = \left(\frac{Ds}{Dt}\right)_{43}(t_3 - t_4) \quad \text{(A.26)}$$

donde el subíndice doble indica valores medios en los intervalos finitos (tramos de las curvas características) para los cuales se escriben las ecuaciones de diferencias. Todas las cantidades que aparecen con doble subíndice en las ecuaciones se consideran constantes en cada uno de dichos intervalos y en particular cada tramo de curva característica se reemplaza por un segmento rectilíneo.

Resulta claro que este procedimiento requiere iteración, porque los valores medios dependen de las cantidades desconocidas para las cuales las Ecs. A.24, A.25 y A.26 deben ser resueltas. Dicho procedimiento iterativo podría efectuarse como se describe a continuación y se ilustra en la Figura A.2.

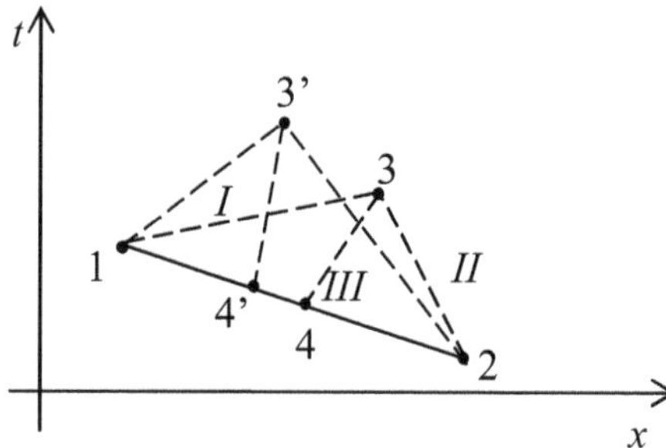

Fig. A.2 - Ilustra procedimiento iterativo.

i. Se comienza con la primera aproximación al punto 3 en el plano de las funciones, ignorando los términos que constituyen los segundos miembros de las ecuaciones características A.24 y A.25. Resulta entonces, $P_3 = P_2$ y $Q_3 = Q_2$. Luego, utilizando las relaciones A.22 y A.23 se calculan valores aproximados de la velocidad de la partícula y del sonido en 3.

ii. Utilizando valores medios de u y a entre 1 y 3 se determina la pendiente de la característica de la familia I que pasa por el punto 1 del plano físico. Similarmente con valores medios de u y a entre 2 y 3, se determina la pendiente de la característica de la familia II que pasa por el punto 2. La intersección de estas dos líneas ubica la primera aproximación 3 en el plano físico y produce un valor tentativo de $(\Delta t)_{I,II}$.

iii. Se estima el camino de la partícula que pasa por 3 interpolando entre las velocidades de 1 y 2 el valor de u_3. El punto 4, se ubica en la intersección del tramo recto 1-2 con la trayectoria de la partícula que llega a 3. La entropía de 4 se obtiene por interpolación entre s_1 y s_2. Seguidamente se calcula la entropía s_3 mediante la Ec. A.26 puesto que se dispone de datos suficientes para efectuar una estimación de la función $S(x,t,a,u)$ entre 3 y 4.

iv. En este paso, todos los términos que aparecen en los segundos miembros de las Ecs. A.24 y A.25 son calculados en el punto 3. Utilizando valores medios de estos términos entre 1 y 3 y entre 2 y 3, se determinan nuevos valores de P y Q. A partir de las relaciones A.22 y A.23 se obtienen nuevos valores de u y a que son utilizados en la nueva aproximación 3'.

v. Utilizando los valores medios de u y a entre 1 y 3', y entre 2 y 3', se localiza el punto 3' en el plano físico que constituye una mejor aproximación al punto deseado.

vi. Los pasos (iii) a (v) se repiten con los valores de 1, 2 y 3', lo cual conducirá al establecimiento en el plano de las funciones y en el físico de un nuevo punto 3''. Este procedimiento debe repetirse hasta que los cambios en pasos sucesivos dejen de ser significativos. En la mayoría de las aplicaciones, la curvatura de las características es suave y si los intervalos se eligen adecuadamente, suele resultar suficiente una única iteración.

Apéndice B

Gráficos de Choque Oblicuo

B.1. M_2 en función de M_1 para distintos Ángulos de Onda de Choque θ_0

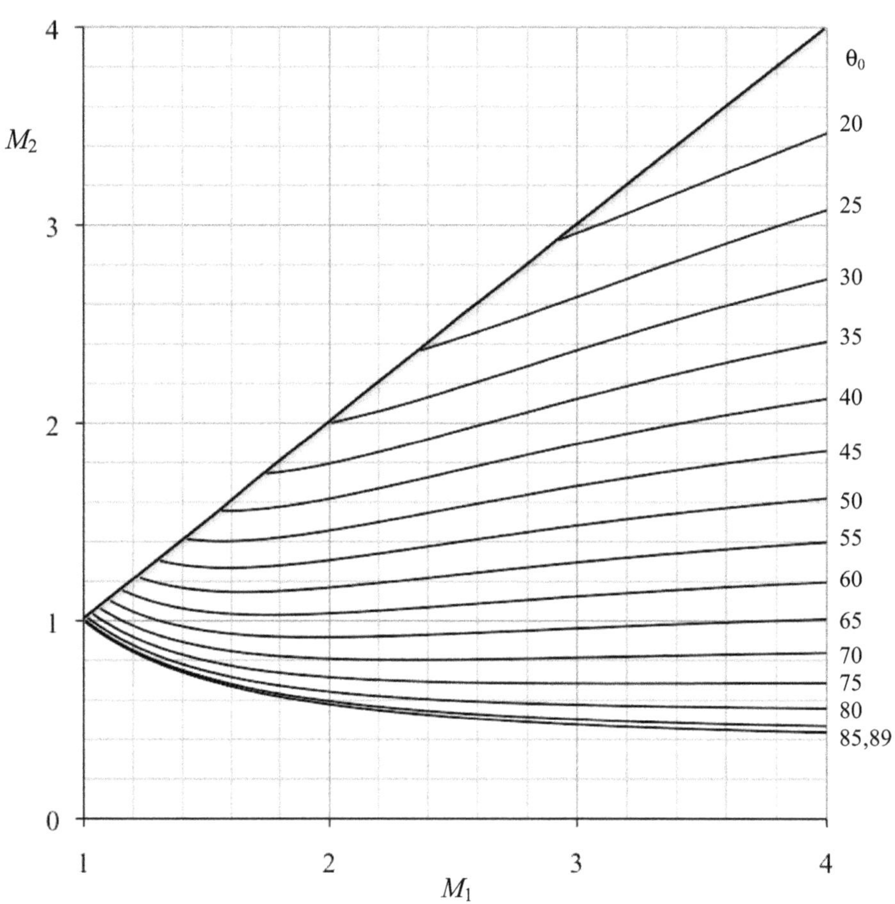

B.2. p_2/p_1 en función de M_1 para distintos Ángulos de Onda de Choque θ_0

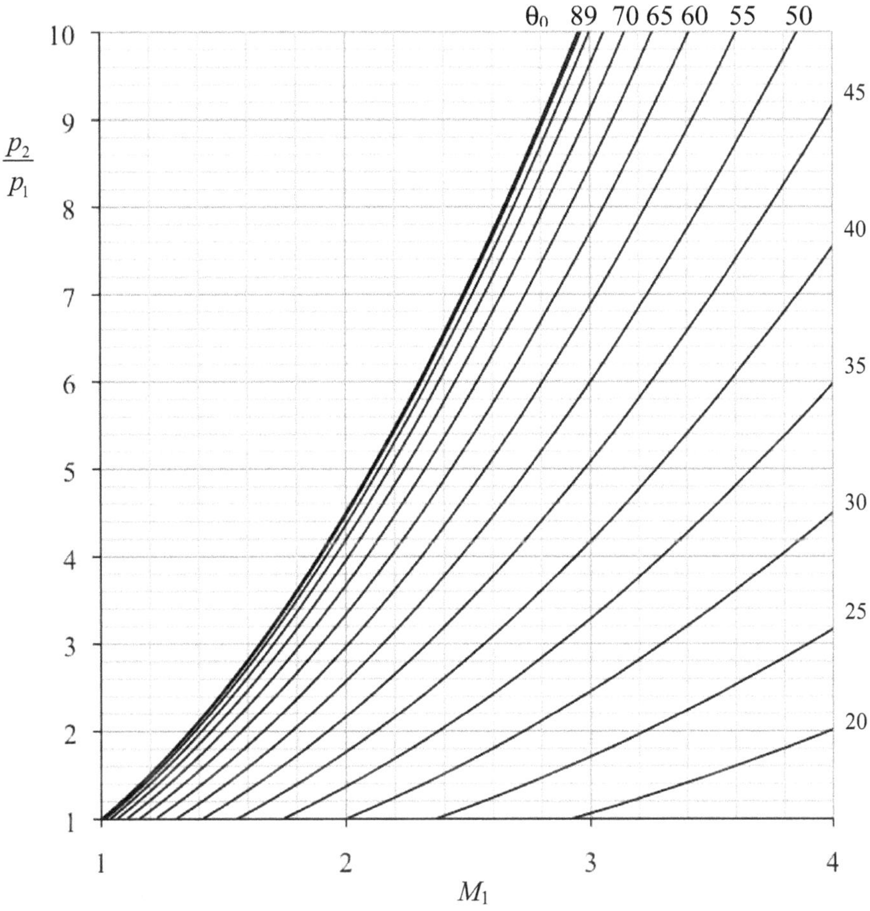

B.3. p_{02}/p_{01} en función del Ángulo de Onda de Choque θ_0 para distintos M_1

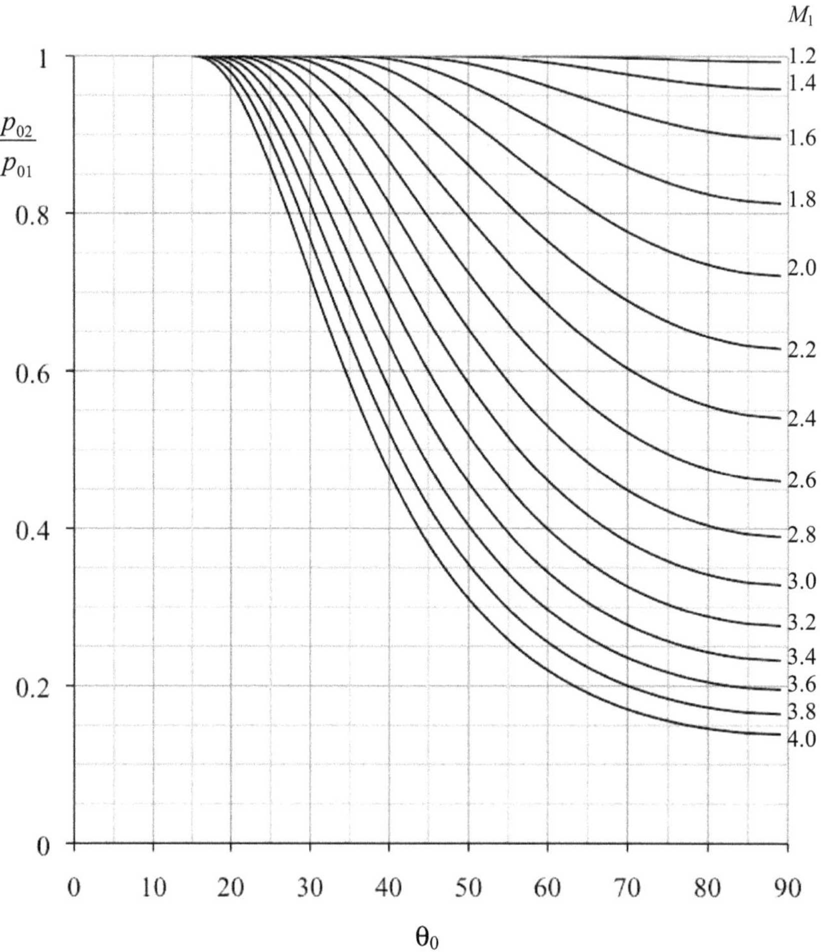

B.4. Ángulo de Onda de Choque θ_0 en función de M_1 para distintos Ángulos de Cuña θ

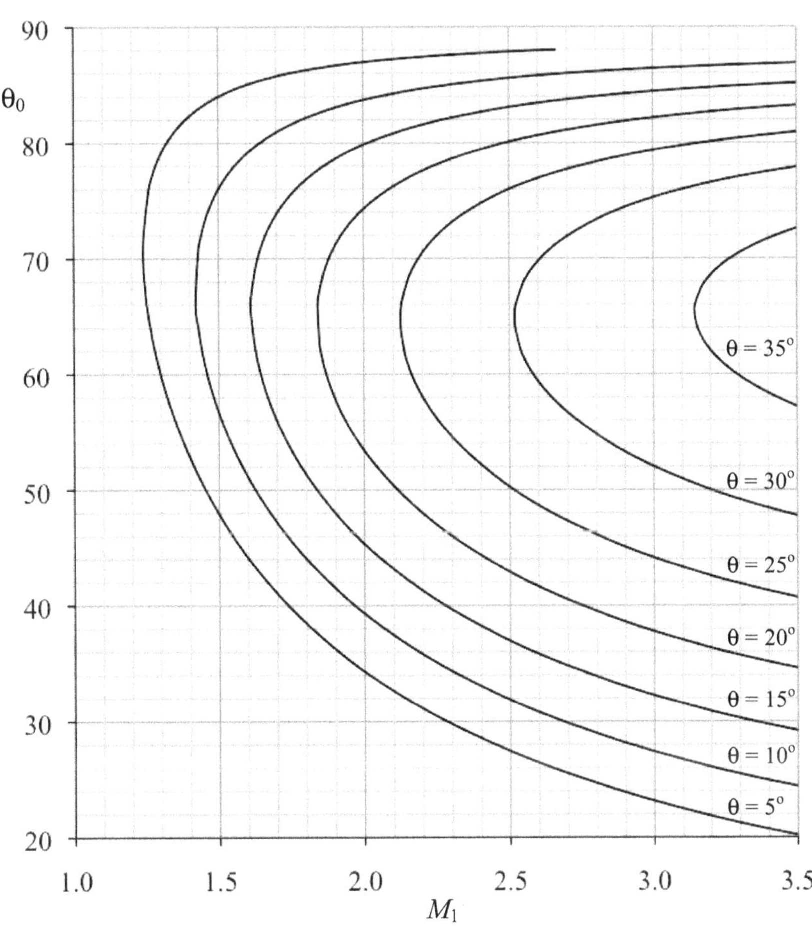

PROGRAMA EN FORTRAN PARA CALCULAR LOS GRAFICOS

```
! PROGRAMA PARA CALCULAR LOS GRAFICOS MACH DESPUES DE LA ONDA DE
! CHOQUE OBLICUO M2, RELACION DE PRESIONES P2P1 Y RELACION DE PRESIONES
! DE ESTANCAMIENTO P02P01 EN FUNCION DEL MACH ANTES DE LA ONDA M1 Y
! DEL ANGULO DE LA ONDA TITA0, ADEMAS DEL ANGULO DE LA ONDA TITA0 EN
! FUNCION DEL MACH ANTES DE LA ONDA M1 Y DEL ANGULO DE CUNA TITA

PROGRAM CHOQUEOBLICUO

USE CONSTANTS
IMPLICIT NONE

!DECLARACION DE VARIABLES
INTEGER :: ONDA,CUNA,I,J,K,L
REAL(KIND=8) :: GAMA, RADGRAD, GRADRAD
REAL(KIND=8) :: M1, TITA0, TITA0MAX, TITAMAX
REAL(KIND=8) :: TITA, P2P1, M2, P02P01
REAL(KIND=Q) :: TITA0_BIS
OPEN(2,FILE='GRAFICO1.txt')
OPEN(3,FILE='GRAFICO2.txt')
OPEN(4,FILE='GRAFICO3.txt')
OPEN(5,FILE='GRAFICO4.txt')
GAMA = 1.4
RADGRAD = 360.D0/(8.D0*ATAN(1.D0))      !TRANSFORMA EN GRADOS
GRADRAD = 8.D0*ATAN(1.D0)/360.D0        !TRANSFORMA EN RADIANOS

!!! GRAFICO 1: M2(M1,TITA0)

DO ONDA = 20,85,5
 DO I = 100,400,1
  TITA0 = ONDA*GRADRAD
  M1 = I/100.D0
  IF(M1*SIN(TITA0).LT.1.D0) GOTO 50
  !ANGULO DE CUNA TITA (EC.III.2.17)
  TITA = ATAN((2.D0*(M1*M1*SIN(TITA0)*SIN(TITA0) - 1.D0))/&
         (TAN(TITA0)*(M1*M1*(GAMA + COS(2.D0*TITA0)) + 2.D0)))
  !MACH 2 (EC.III.2.19)
  M2 = DSQRT((1.D0/(SIN(TITA0 - TITA)*SIN(TITA0 - TITA)))*&
        ((1.D0 + (GAMA - 1.D0)/2.D0*M1*M1*SIN(TITA0)*SIN(TITA0))&
        /(GAMA*M1*M1*SIN(TITA0)*SIN(TITA0) - (GAMA - 1.D0)/2.D0)))
  WRITE(2,*) M1,M2,TITA0*RADGRAD
```

```
50 CONTINUE
  END DO
END DO
!CASO PARTICULAR: TITA0 = 89 GRADOS = 1.55334303428 RAD
DO I = 100,400,1
  M1 = I/100.D0
  TITA0 = 89.D0*GRADRAD
  IF(M1*SIN(TITA0).LT.1.D0) GOTO 75
  !ANGULO DE CUNA TITA (EC.III.2.17)
  TITA = ATAN((2.D0*(M1*M1*SIN(TITA0)*SIN(TITA0) - 1.D0))/&
              (TAN(TITA0)*(M1*M1*(GAMA + COS(2.D0*TITA0)) + 2.D0)))
  !MACH 2 (EC.III.2.19)
  M2 = DSQRT((1.D0/(SIN(TITA0 - TITA)*SIN(TITA0 - TITA)))*&
      ((1.D0 + (GAMA - 1.D0)/2.D0*M1*M1*SIN(TITA0)*SIN(TITA0))&
      /(GAMA*M1*M1*SIN(TITA0)*SIN(TITA0) - (GAMA - 1.D0)/2.D0)))
  WRITE(2,*) M1,M2,TITA0*RADGRAD
75 CONTINUE
END DO

!!! GRAFICO 2: P2/P1(M1,TITA0)

DO ONDA = 20,85,5
  DO J = 100,400,1
    TITA0 = ONDA*GRADRAD
    M1 = J/100.D0
    IF(M1*SIN(TITA0).LT.1.D0) GOTO 150
    !RELACION DE PRESIONES P2P1 (EC.III.2.13)
    P2P1 = (2.D0*GAMA/(GAMA + 1.D0))*(M1*M1*SIN(TITA0)*SIN(TITA0) -&
              (GAMA - 1.D0)/(2.D0*GAMA))
    WRITE(3,*) M1,P2P1,TITA0*RADGRAD
150 CONTINUE
  END DO
END DO
!CASO PARTICULAR: TITA0 = 89 GRADOS = 1.55334303428 RAD
DO J = 100,400,1
  M1 = J/100.D0
  TITA0 = 89.D0*GRADRAD
  IF(M1*0.999847695156.LT.1.D0) GOTO 175
  !RELACION DE PRESIONES P2P1 (EC.III.2.13)
  P2P1 = 2.D0*GAMA/(GAMA + 1.D0)*(M1*M1*0.999695413509 -&
              (GAMA - 1.D0)/(2.D0*GAMA))
  WRITE(3,*) M1,P2P1,TITA0*RADGRAD
 175 CONTINUE
 END DO
```

```
!!! GRAFICO 3: P02/P01(TITA0,M1)

DO K = 12,40,2
  DO ONDA = 10,85,1
    TITA0 = ONDA*GRADRAD
    M1 = K/10.D0
    IF(M1*SIN(TITA0).LT.1.D0) GOTO 250
    !RELACION DE PRESIONES DE ESTANCAMIENTO P02P01
    P02P01 = ((1.D0 + 2.D0*GAMA/(GAMA + 1.D0)*(M1**2.D0*(SIN(TITA0)**2.D0)&
          - 1.D0))**(1.D0/(GAMA - 1.D0))*((GAMA + 1.D0)*M1**2.D0*&
          (SIN(TITA0))**2.D0/((GAMA - 1.D0)*M1**2.D0*(SIN(TITA0))**2.D0&
          + 2.D0))**(-GAMA/(GAMA - 1.D0)))**(-1.D0)
    WRITE(4,*) TITA0*RADGRAD,P02P01,M1
250  CONTINUE
  END DO
!CASO PARTICULAR: TITA0 = 89 GRADOS = 1.55334303428 RAD
  TITA0 = 89.D0*GRADRAD
  IF(M1*SIN(TITA0).LT.1.D0) GOTO 275
  !RELACION DE PRESIONES DE ESTANCAMIENTO P02P01
  P02P01 = ((1.D0 + 2.D0*GAMA/(GAMA + 1.D0)*(M1**2.D0*(SIN(TITA0)**2.D0)&
        - 1.D0))**(1.D0/(GAMA - 1.D0))*((GAMA + 1.D0)*M1**2.D0*&
        (SIN(TITA0))**2.D0/((GAMA - 1.D0)*M1**2.D0*(SIN(TITA0))**2.D0&
        + 2.D0))**(-GAMA/(GAMA - 1.D0)))**(-1.D0)
  WRITE(4,*) TITA0*RADGRAD,P02P01,M1
275 CONTINUE
END DO

!!! GRAFICO 4: TITA0(TITA,M1)

DO CUNA = 5,35,5
  DO L = 350,100,-1
    TITA = CUNA*GRADRAD
    M1 = L/100.D0
    CALL ZERO_FIND_DEBIL(M1,TITA,TITA0_BIS)
    IF(M1*SIN(TITA0_BIS).LT.1.D0) GOTO 350
    IF(TITA0_BIS*RADGRAD.GT.88.D0) GOTO 350
    TITA0MAX = TITA0_BIS
    WRITE(5,*) M1,TITA0_BIS*RADGRAD,TITA*RADGRAD
350 CONTINUE
  END DO
  DO L = 100,350,1
    TITA = CUNA*GRADRAD
    M1 = L/100.D0
```

```
   CALL ZERO_FIND_FUERTE(M1,TITA,TITA0MAX,TITA0_BIS)
   IF(M1*SIN(TITA0_BIS).LT.1.D0) GOTO 375
   IF(TITA0_BIS*RADGRAD.GT.88.D0) GOTO 375
   WRITE(5,*) M1,TITA0_BIS*RADGRAD,TITA*RADGRAD
375 CONTINUE
 END DO
END DO

END PROGRAM CHOQUEOBLICUO

MODULE CONSTANTS
 IMPLICIT NONE
 INTEGER, PARAMETER :: Q = SELECTED_REAL_KIND (P=6,R=30)
END MODULE CONSTANTS

SUBROUTINE ZERO_FIND_DEBIL(M1,TITA,TITA0)
 USE CONSTANTS
 IMPLICIT NONE
! ESTE PROGRAMA CALCULA LA RAIZ DE LA ECUACION F(X) = 0
! EN UN INTERVALO ESPECIFICO CON UNA TOLERANCIA DADA
! UTILIZANDO EL METODO DE BISECCION
 REAL(KIND=Q),EXTERNAL :: F
 REAL(KIND=Q) :: LEFT,RIGHT,TOLERANCE,DELTA
 INTEGER :: MAXIMUM_ITERATIONS
 REAL(KIND=8) :: M1,TITA
 REAL(KIND=Q) :: ZERO,TITA0
 LEFT = 8.D0*ATAN(1.D0)/360.D0
 RIGHT = 89.D0*8.D0*ATAN(1.D0)/360.D0
 TOLERANCE = 1E-5
 MAXIMUM_ITERATIONS = 200
 CALL BISECT(F,LEFT,RIGHT,TOLERANCE,MAXIMUM_ITERATIONS,&
             M1,TITA,ZERO,DELTA)
 TITA0 = ZERO
END SUBROUTINE ZERO_FIND_DEBIL

SUBROUTINE ZERO_FIND_FUERTE(M1,TITA,TITA0MAX,TITA0)
 USE CONSTANTS
 IMPLICIT NONE
! ESTE PROGRAMA CALCULA LA RAIZ DE LA ECUACION F(X) = 0
! EN UN INTERVALO ESPECIFICO CON UNA TOLERANCIA DADA
! UTILIZANDO EL METODO DE BISECCION
 REAL(KIND=Q),EXTERNAL :: F
 REAL(KIND=Q) :: LEFT,RIGHT,TOLERANCE,DELTA
 INTEGER :: MAXIMUM_ITERATIONS
```

```
 REAL(KIND=8) :: M1,TITA,TITA0MAX
 REAL(KIND=Q) :: ZERO,TITA0
 LEFT = TITA0MAX
 RIGHT = 89.D0*8.D0*ATAN(1.D0)/360.D0
 TOLERANCE = 1E-5
 MAXIMUM_ITERATIONS = 200
 CALL BISECT(F,LEFT,RIGHT,TOLERANCE,MAXIMUM_ITERATIONS,&
             M1,TITA,ZERO,DELTA)
 TITA0 = ZERO
END SUBROUTINE ZERO_FIND_FUERTE

SUBROUTINE BISECT(F,XL_START,XR_START,TOLERANCE,MAX_ITERATIONS,&
                M1,TITA,ZERO,DELTA)
 USE CONSTANTS
 IMPLICIT NONE
 REAL(KIND=Q),INTENT(IN) :: XL_START,XR_START,TOLERANCE
 REAL(KIND=8),INTENT(IN) :: M1,TITA
 INTEGER,INTENT(IN) :: MAX_ITERATIONS
 REAL(KIND=Q),INTENT(OUT) :: ZERO,DELTA
 INTEGER :: NUM_BISECS
 REAL(KIND=Q),EXTERNAL :: F
 REAL(KIND=Q) :: X_LEFT,X_MID,X_RIGHT,V_LEFT,V_MID,V_RIGHT
 IF (XL_START.LT.XR_START) THEN
  X_LEFT = XL_START
  X_RIGHT = XR_START
 ELSE
  X_LEFT = XR_START
  X_RIGHT = XL_START
 ENDIF
 V_LEFT = F(M1,TITA,X_LEFT)
 V_RIGHT = F(M1,TITA,X_RIGHT)
 IF (TOLERANCE.LE.0.0 .OR. MAX_ITERATIONS.LT.1) THEN
  ZERO = 0.D0
  RETURN
 END IF
 DO NUM_BISECS = 0,MAX_ITERATIONS
  DELTA = 0.5*(X_RIGHT-X_LEFT)
  X_MID = X_LEFT+DELTA
  IF (DELTA.LT.TOLERANCE) THEN
   ZERO = X_MID
   RETURN
  END IF
  V_MID = F(M1,TITA,X_MID)
  IF (V_LEFT*V_MID.LT.0.0) THEN
```

```
    X_RIGHT = X_MID
    V_RIGHT = V_MID
   ELSE
    X_LEFT = X_MID
    V_LEFT = V_MID
   END IF
  END DO
  ZERO = X_MID
END SUBROUTINE BISECT

FUNCTION F(M1,TITA,X)
  USE CONSTANTS
  IMPLICIT NONE
  REAL(KIND=Q) :: F
  REAL(KIND=Q),INTENT(IN) :: X
  REAL(KIND=8),INTENT(IN) :: M1,TITA
  F = ATAN((2.D0*(M1*M1*SIN(X)*SIN(X) - 1.D0))/&
     (TAN(X)*(M1*M1*(1.4D0 + COS(2.D0*X)) + 2.D0)))&
     - TITA
END FUNCTION F
```

Apéndice C

Función Característica Hodógrafa

C.1. TABLA: Mach, Mach Critico y Función Característica Hodógrafa (γ = 1,4)

M	M^*	ω	M	M^*	ω
1.00	1.00000	0.0000	1.56	1.40152	13.6770
1.02	1.01658	0.1257	1.58	1.41353	14.2686
1.04	1.03300	0.3510	1.60	1.42539	14.8604
1.06	1.04925	0.6367	1.62	1.43710	15.4518
1.08	1.06533	0.9680	1.64	1.44866	16.0427
1.10	1.08124	1.3362	1.66	1.46008	16.6328
1.12	1.09699	1.7350	1.68	1.47135	17.2220
1.14	1.11256	2.1600	1.70	1.48247	17.8099
1.16	1.12797	2.6073	1.72	1.49345	18.3964
1.18	1.14321	3.0743	1.74	1.50429	18.9814
1.20	1.15828	3.5582	1.76	1.51499	19.5646
1.22	1.17319	4.0572	1.78	1.52555	20.1458
1.24	1.18792	4.5694	1.80	1.53598	20.7251
1.26	1.20249	5.0931	1.82	1.54626	21.3021
1.28	1.21690	5.6272	1.84	1.55642	21.8768
1.30	1.23114	6.1703	1.86	1.56644	22.4492
1.32	1.24521	6.7213	1.88	1.57633	23.0190
1.34	1.25912	7.2794	1.90	1.58609	23.5861
1.36	1.27286	7.8435	1.92	1.59572	24.1506
1.38	1.28645	8.4130	1.94	1.60523	24.7123
1.40	1.29987	8.9870	1.96	1.61460	25.2711
1.42	1.31313	9.5650	1.98	1.62386	25.8269
1.44	1.32623	10.1464	2.00	1.63299	26.3798
1.46	1.33917	10.7305	2.05	1.65530	27.7484
1.48	1.35195	11.3169	2.10	1.67687	29.0971
1.50	1.36458	11.9052	2.15	1.69774	30.4253
1.52	1.37705	12.4949	2.20	1.71791	31.7325
1.54	1.38936	13.0856	2.25	1.73742	33.0184

Tabla C.1. Mach, Mach Critico y Función Característica Hodógrafa ($\gamma = 1,4$) (continuación)

M	*M**	ω	*M*	*M**	ω
2.30	1.75629	34.2828	4.60	2.20300	72.9192
2.35	1.77453	35.5255	4.70	2.21192	73.9701
2.40	1.79218	36.7465	4.80	2.22038	74.9863
2.45	1.80924	37.9459	4.90	2.22842	75.9691
2.50	1.82574	39.1236	5.00	2.23607	76.9202
2.55	1.84170	40.2798	5.10	2.24334	77.8409
2.60	1.85714	41.4147	5.20	2.25026	78.7324
2.65	1.87208	42.5285	5.30	2.25685	79.5962
2.70	1.88653	43.6215	5.40	2.26314	80.4332
2.75	1.90051	44.6938	5.50	2.26913	81.2448
2.80	1.91404	45.7459	5.60	2.27484	82.0319
2.85	1.92714	46.7779	5.70	2.28030	82.7956
2.90	1.93981	47.7903	5.80	2.28552	83.5368
2.95	1.95208	48.7833	5.90	2.29051	84.2565
3.00	1.96396	49.7573	6.00	2.29528	84.9555
3.05	1.97547	50.7127	6.10	2.29984	85.6347
3.10	1.98661	51.6497	6.20	2.30421	86.2948
3.15	1.99740	52.5688	6.30	2.30840	86.9366
3.20	2.00786	53.4703	6.40	2.31241	87.5608
3.25	2.01799	54.3546	6.50	2.31626	88.1682
3.30	2.02781	55.2220	6.60	2.31996	88.7592
3.35	2.03733	56.0728	6.70	2.32351	89.3346
3.40	2.04656	56.9075	6.80	2.32691	89.8950
3.45	2.05551	57.7264	6.90	2.33019	90.4408
3.50	2.06419	58.5298	7.00	2.33333	90.9727
3.55	2.07261	59.3180	7.10	2.33636	91.4912
3.60	2.08077	60.0915	7.20	2.33927	91.9966
3.65	2.08870	60.8504	7.30	2.34208	92.4896
3.70	2.09639	61.5953	7.40	2.34478	92.9704
3.75	2.10386	62.3263	7.50	2.34738	93.4397
3.80	2.11111	63.0438	7.60	2.34989	93.8977
3.85	2.11815	63.7481	7.70	2.35231	94.3448
3.90	2.12499	64.4395	7.80	2.35464	94.7814
3.95	2.13163	65.1183	7.90	2.35690	95.2080
4.00	2.13809	65.7848	8.00	2.35907	95.6247
4.10	2.15046	67.0820	8.10	2.36117	96.0319
4.20	2.16215	68.3332	8.20	2.36320	96.4300
4.30	2.17321	69.5406	8.30	2.36516	96.8192
4.40	2.18368	70.7062	8.40	2.36706	97.1999
4.50	2.19360	71.8317	8.50	2.36889	97.5722

Tabla C.1. Mach, Mach Critico y Función Característica Hodógrafa ($\gamma = 1{,}4$) (continuación)

M	*M**	ω
8.60	2.37067	97.9365
8.70	2.37238	98.2930
8.80	2.37405	98.6419
8.90	2.37566	98.9836
9.00	2.37722	99.3181
9.10	2.37873	99.6457
9.20	2.38020	99.9667
9.30	2.38162	100.2812
9.40	2.38299	100.5894
9.50	2.38433	100.8915
9.60	2.38563	101.1876
9.70	2.38689	101.4780
9.80	2.38811	101.7628
9.90	2.38930	102.0422
10.00	2.39046	102.3163
11.00	2.40040	104.7957
12.00	2.40804	106.8786
13.00	2.41404	108.6522
14.00	2.41883	110.1798
15.00	2.42272	111.5091
16.00	2.42591	112.6759
17.00	2.42857	113.7082
18.00	2.43081	114.6278
19.00	2.43270	115.4522
20.00	2.43432	116.1953
21.00	2.43572	116.8686
22.00	2.43693	117.4813
23.00	2.43800	118.0414
24.00	2.43893	118.5553
25.00	2.43975	119.0284

PROGRAMA EN FORTRAN PARA CALCULAR LA TABLA

```
!
! PROGRAMA PARA GENERAR LA TABLA QUE RELACIONA FUNCION
! CARACTERISTICA HODOGRAFA (OMEGA), MACH Y MACH CRITICO
! SEGUN ECUACIONES IV.1.8B
!

PROGRAM HODOGRAFA
IMPLICIT NONE

!DECLARACION DE VARIABLES
INTEGER :: I,J,K,L
REAL(KIND=8) :: GAMA, MACH, MACHSTAR, OMEGA
REAL(KIND=8) :: RADGRAD, ANGULO1, ANGULO2
OPEN(2,FILE='TABLAOMEGA.txt')
100 FORMAT(F8.4,5X,F5.2,5X,F7.5)
GAMA = 1.4
RADGRAD = 360.D0/(8.D0*ATAN(1.D0))        !TRANSFORMA EN GRADOS

DO I = 100,200,2
  MACH = I/100.D0
  !FUNCION CARACTERISTICA HODOGRAFA (EC.IV.1.8B)
  ANGULO1 = ATAN(DSQRT((MACH*MACH - 1.D0)*&
            (GAMA - 1.D0)/(GAMA + 1.D0)))
  ANGULO1 = ANGULO1*RADGRAD
  ANGULO2 = ATAN(DSQRT(MACH*MACH - 1.D0))
  ANGULO2 = ANGULO2*RADGRAD
  OMEGA = DSQRT((GAMA + 1.D0)/(GAMA - 1.D0))*&
          ANGULO1 - ANGULO2
  !MACHSTAR (ZUCROW-HOFFMAN, PAG. 143, EC.3.105)
  MACHSTAR = DSQRT((MACH*MACH*(GAMA + 1.D0))/&
             (2.D0 + (GAMA - 1.D0)*MACH*MACH))
  WRITE(2,100) OMEGA, MACH, MACHSTAR
END DO

DO J = 205,400,5
  MACH – J/100.D0
  !FUNCION CARACTERISTICA HODOGRAFA (EC.IV.1.8B)
  ANGULO1 = ATAN(DSQRT((MACH*MACH - 1.D0)*&
            (GAMA - 1.D0)/(GAMA + 1.D0)))
  ANGULO1 = ANGULO1*RADGRAD
  ANGULO2 = ATAN(DSQRT(MACH*MACH - 1.D0))
```

```
  ANGULO2 = ANGULO2*RADGRAD
  OMEGA = DSQRT((GAMA + 1.D0)/(GAMA - 1.D0))*&
             ANGULO1 - ANGULO2
  !MACHSTAR (ZUCROW-HOFFMAN, PAG. 143, EC.3.105)
  MACHSTAR = DSQRT((MACH*MACH*(GAMA + 1.D0))/&
              (2.D0 + (GAMA - 1.D0)*MACH*MACH))
  WRITE(2,100) OMEGA, MACH, MACHSTAR
END DO

DO K = 41,100,1
  MACH = K/10.D0
  !FUNCION CARACTERISTICA HODOGRAFA (EC.IV.1.8B)
  ANGULO1 = ATAN(DSQRT((MACH*MACH - 1.D0)*&
              (GAMA - 1.D0)/(GAMA + 1.D0)))
  ANGULO1 = ANGULO1*RADGRAD
  ANGULO2 = ATAN(DSQRT(MACH*MACH - 1.D0))
  ANGULO2 = ANGULO2*RADGRAD
  OMEGA = DSQRT((GAMA + 1.D0)/(GAMA - 1.D0))*&
             ANGULO1 - ANGULO2
  !MACHSTAR (ZUCROW-HOFFMAN, PAG. 143, EC.3.105)
  MACHSTAR = DSQRT((MACH*MACH*(GAMA + 1.D0))/&
              (2.D0 + (GAMA - 1.D0)*MACH*MACH))
  WRITE(2,100) OMEGA, MACH, MACHSTAR
END DO

DO L = 11,25,1
  MACH = L
  !FUNCION CARACTERISTICA HODOGRAFA (EC.IV.1.8B)
  ANGULO1 = ATAN(DSQRT((MACH*MACH - 1.D0)*&
              (GAMA - 1.D0)/(GAMA + 1.D0)))
  ANGULO1 = ANGULO1*RADGRAD
  ANGULO2 = ATAN(DSQRT(MACH*MACH - 1.D0))
  ANGULO2 = ANGULO2*RADGRAD
  OMEGA = DSQRT((GAMA + 1.D0)/(GAMA - 1.D0))*&
             ANGULO1 - ANGULO2
  !MACHSTAR (ZUCROW-HOFFMAN, PAG. 143, EC.3.105)
  MACHSTAR = DSQRT((MACH*MACH*(GAMA + 1.D0))/&
              (2.D0 + (GAMA - 1.D0)*MACH*MACH))
  WRITE(2,100) OMEGA, MACH, MACHSTAR
END DO

END PROGRAM HODOGRAFA
```

Bibliografía

Abbott, M., *An introduction to the method of characteristics*, Thames and Hudson, 1966.

Courant, R. y Friedrichs, K.O., *Supersonic flow and shock waves*, Interscience Publishers, Inc., New York, 1948.

Haken, H., *Advanced Synergetics*, Springer-Verlag, 1983.

LeFloch, P., *Hyperbolic Systems of Conservation Laws. Lectures in Mathematics ETH Zurich*, Birkhäuser Verlag, Basel, 2002.

LeVeque, R.J., *Numerical methods for conservation laws*, Birkhäuser Verlag, Basel, 2005.

Liepmann, H.W., y Roshko, A., *Elements of gasdynamics*, J. Wiley & Sons, Inc., 1957.

Shapiro, A.H., *The dynamics and thermodynamics of compressible fluid flow*, Vol. I y II, The Ronald Press Company, 1953.

Tamagno, J., Schulz, W. y Elaskar, S., *Dinámica de los gases – flujo unidimensional estacionario*, Universitas, 2008.

Toro, E.F., *Riemann solvers and numerical methods for fluid dynamics: a practical introduction*, Springer, 2009.

Zucrow, M.J. y Hoffman, J.D., *Gas dynamics*, Vol. I y II, Wiley, 1976.

La presente edición de "*DINÁMICA DE LOS GASES. Flujo Unidimensional Inestacionario y Flujo Bidimensional Supersónico*"
se terminó de imprimir en el mes de abrilde 2020
en Universitas. Pje. España 1467. Córdoba.
Te: 54-351-4680913
e-mail: editorialuniversitas@yahoo.com.ar

Impreso en Argentina

UNIVERSITAS
Editorial
Científica
Universitaria
CÓRDOBA

www.ingramcontent.com/pod-product-compliance
Ingram Content Group UK Ltd.
Pitfield, Milton Keynes, MK11 3LW, UK
UKHW061830190726
13853UKWH00009B/2531